岩波科学ライブラリー 277

ガロアの論文を読んでみた

金 重明

岩波書店

目　次

序　章 ·· 1

第1章　ラグランジュからガロアへ ·················· 13
「諸原理」にはガロアの受け継いだ当時の数学が省略
だらけでまとめられていた

代数学の基本定理／群と体／4つの補題とガロアの証明

　コラム1　ガロアとリシャール(1795-1849)

第2章　ガロア群をつくる ····························· 74
第Ⅰ節はガロアにしてはわかりやすい説明で具体的
に書かれていた

第1章の実例から／ガロアがあげた実例／円周等分方程式の
ガロア群の特徴／ガロア群の置換の意味

　コラム2　ガロアとヤコビ(1804-1851)

第3章　正規部分群を発見する ······················ 95
第Ⅱ～Ⅳ節はガロアの真骨頂を示すが，まるで殴り
書きのようだ

第Ⅱ節——ガロアの苦闘／第Ⅲ節——正規部分群あらわる／
第Ⅳ節——さらに歩をすすめて／正規部分群を定義する

　コラム3　ガロアとコーシー(1789-1857)

第4章　方程式が解けるのはどのような場合か ········ 131
第Ⅴ節では中心的な定理が簡潔に，しかも補足の必
要もないほどやさしく述べられていた

　コラム4　ガロアとフーリエ(1768-1830)

第5章　素数次の方程式への応用 ·················· 146
5次方程式についてのガロアの書きぶりは素っ気ないが，やはりここがかなりおもしろい

コラム5　ガロアとジェルマン(1776-1831)

終　章 ·· 172

序　章

　長編小説『レ・ミゼラブル』が刊行されたとき，著者であるヴィクトール・ユゴーは政治的な理由で亡命中であったが，売れ行きが心配になり出版社にたった1文字「？」という手紙を送った．その返事はやはり1文字「！」であったという．世界でもっとも短い手紙のやりとりとして有名なエピソードだ．

　その後『レ・ミゼラブル』は各国の言語に翻訳され，愛され続けており，ミュージカル，映画などでも親しまれている．

　この小説のクライマックスは，何といってもマリユスやその仲間たちによる蜂起の場面であろう．小説はもちろんフィクションだが，この場面は歴史的事実に基づいている．というより，この小説が刊行されたとき60歳であったユゴーは，若き日にこの叛乱を直接目にしているのだ．小説の中でも「第10章　1832年6月5日」と1章をさいて，その歴史的背景や経緯を記述している．

　6月5日の蜂起は，民衆に人気のあったラマルク将軍の葬儀がきっかけとなった．そのはじまりはこんな具合だった．

　　6月5日，この日は雨が降ったり晴れたりしていたが，ラマルク将軍の葬列は，用心のために少し増員した軍隊の公式儀礼をもって，パリの町を通った．（中略）その次に，無数の，興奮した，奇妙な群衆がやって来た．「人民の友」の義勇兵，法学生，医学生，あらゆる国の亡命者，スペイン，イタリア，ドイツ，ポーランドなどの旗，水平にした三色旗，あらゆる旗，緑

の枝を振る子供たち，ちょうどそのときストライキをしていた石工（いしく）や大工，紙の帽子でわかる印刷工，これらの人たちが，2人あるいは3人ずつ，叫び声をあげ，ほとんどみな棒を振り，ある者はサーベルを振り，揃っていないが，みな1つの魂（そう）となって，固まったり縦列をつくりながら進んできた．（佐藤朔訳，新潮文庫）

文中にある「人民の友」は過激な共和主義者による秘密結社で，ガロアもこれに参加し，積極的に活動していた．当時名の知られた共和主義者であるラスパイユや，暴力革命論をとなえてマルクスから「革命的共産主義者」と讃えられ，その後バクーニンにも影響を与えたといわれているブランキもこの秘密結社の盟員であった．

ミュージカルや映画では，バリケードの上に立つ民衆が「2度と奴隷にはならないと歌う民衆の怒れる声が聞こえないか」と合唱する場面として描かれている．当時の民衆の，そしてガロアの気分はこうであったのではないか，と思える．

しかしバリケードの上にガロアの姿はなかった．その1週間前の5月31日，ガロアはひとりの女性をめぐる決闘に敗れ，死んでいたからだ．

1802年生まれのユゴーは，1811年生まれのガロアより9歳年上だ．ガロアが決闘で死んだ1832年，ユゴーは30歳だった．ふたりは同じ時代の空気を吸っていた．

『レ・ミゼラブル』に登場するマリユスには，若き日のユゴーの姿が投影されているという．マリユスが参加する共和主義者の集まり「ABC友の会」は，ガロアが身を投じた「人民の友」を髣髴（ほうふつ）とさせる．

18世紀末から19世紀はじめにかけて，ヨーロッパは革命の時代

だった．自由，平等，あるいは人権という思想が人類の間に定着していこうとする，そういう時代だった．ガロアもまた，自由，平等，博愛というフランス革命の理想がこの地に実現することを願っていた．

ガロアはどうして，過激ともいえる共和主義を信奉するようになったのだろうか．共和主義者であった父親の影響もあっただろう．若者らしい正義感の表出という意味もあったと思われる．そしてもうひとつ，ガロアの数学を認めようとしないフランス数学界への怒りがそこにあったはずだ．

17歳のとき，ガロアはフランス科学アカデミーに，方程式に関する論文を提出する．ガロアはこの論文の内容に絶対の自信をもっていた．

ガロアはこのとき，錚々たる数学者を輩出したエコール・ポリテクニクの受験に2度失敗している．同校の受験は2回までと制限されているので，エコール・ポリテクニクへの入学はあきらめなければならない立場にあったが，ガロアとしては，この論文が認められれば，という思いがあったようだ．

しかし結果は，論文の紛失であった．

翌年，今度はグランプリに応募するというかたちで，もう一度論文を提出するが，レフェリーとなったフーリエの死により，論文はまた行方不明となってしまう．

さらに19歳になったガロアは，もう一度同じ内容の論文を提出する．今度は紛失ではなく，「明晰を欠き，十分な厳密性をもっていない」という意見とともに返送されてきた．ガロアがこの原稿を受け取ったのは，政治犯として収容されていた刑務所でだった．

ガロアの目には，腐敗堕落した当時のフランスの権力層と，権威

にしがみつく尊大な既成の数学者たちの姿が重なって見えていたに違いない．

決闘の前夜，ガロアは徹夜をしてこの論文を見直し，何通かの遺書を書いた．そのうちの1通，親友であったオーギュスト・シュバリエにあてたものは，個人的な手紙ではなく，ガロア自身が百科全書誌に発表するよう望んだ，いわば公開の数学的遺書だった．

ガロアは語る．自分はいくつかの新しい成果をあげたが，それは3つの論文にまとめることができる．第1の論文は手元にある．第2の論文は，第1の論文のテーマである方程式論の応用で，特に楕円関数のモジュラー方程式への応用をふくんでいる．第3の論文は積分によって定義された関数に関するものだ，と．

ガロアの論文「累乗根で方程式が解けることの条件について」が一般に第1論文と呼ばれているのは，このガロアの遺書に由来する．

シュバリエはガロアの死後，できるだけのことをやったようだ．シュバリエに宛てた遺書はガロアの希望通り百科全書誌に掲載され，また多くの数学者に送付されたが，これといった反応はなかったらしい．

1846年，リウヴィルが『ガロア全集』を出版する．これによってはじめて，第1論文が一般の人にも読めるようになった．

そして1857年，デデキントがゲッチンゲンで「ガロア理論」を講義する．これはガロアの理論を体の自己同型群ととらえた画期的なもので，これ以後ガロアの理論は方程式を離れ，「ガロア理論」として大きく発展していくことになる．

第1論文は難解だと言われている．第1論文が評価されるまで

何十年という歳月を要した原因のひとつも，論文そのものがわかりにくかったという点にあると思われる．

実際，第1論文の記述は極めて簡潔で，とても懇切丁寧と言えるようなものではない．証明も省略が多く，議論を追っていくだけでもかなり苦労をする．しかし当時の数学者が難解だと感じたのは，そのせいだけではないのではないか．

ポアソンほどの数学者が，技術的な意味で17歳の少年の書いた論文を理解できなかったとは思えない．むしろガロアの，言わば時代を超越した意図をつかむことができなかったのではないだろうか．

ある問題を誰かが解いたというニュースが流れるやいなや，たちまちいくつもの解法が発見されたりする．未知の問題に対処する場合，そこに「答」が存在するということを知っているかどうか，というのは重要な意味をもっている．

現代の目から見ると，第1論文の論旨は明快で，ガロアが何を言いたいのかははっきりと伝わってくるように思われる．

数学の論文を読む場合，わけのわからない記号の羅列を前に一歩も進めずただ天を仰ぐ，というような状態におちいることがしばしばあるが，幸い第1論文が扱っているのは代数方程式であり，そんな心配はない．必要とされる知識は，高校数学の式の計算と複素数ぐらいだ．

そこで，高校数学の延長としてガロア第1論文を読むことはできないだろうか，と考えてこの本を執筆した．17歳の少年が書いた論文を，現代の17歳の少年少女に読んでもらおう，という趣向だ．

しかし，である．必要な知識が高校数学レベルだというのは事実だが，では簡単に理解できるか，というとそうではない．覚悟を決め，精神を集中して読んでいかないと，ガロアの議論についていくことはできない．

　2次方程式の解法は紀元前から知られていたらしい．しかし3次方程式の解法が発見されるのは16世紀のことだ．3次方程式の解法が発見されると，その解法にヒントを得て，すぐに4次方程式の解法が発見された．

　3次方程式，4次方程式は，天才にしか思いつかないような奇抜な式変形によって何とか解くことができた．その後多くの数学者が，同じように巧妙な式変形によって5次方程式を解こうと努力したが，ことごとく失敗に終わった．

　5次方程式を解く研究の流れを変えたのはラグランジュだった．それ以前，当然のことだが，人々はうまい式変形によって，係数から方程式の根を求めようとしていた．ラグランジュは逆に，方程式の根で係数や補助方程式の根などをあらわしてみたのである．

　そして，方程式の解法の鍵になる根の有理式が存在することを発見した．鍵となる根の有理式をもとにして考えていくと，天才にしか思いつかないと考えられていた巧妙な式変形がどうして可能になったかが明らかになった．3次方程式，4次方程式の解の公式はいくつもあるが，そのひとつひとつに鍵になる根の有理式が存在し，そこから議論をはじめれば，天才のひらめきは必要がなくなったのだ．

　5次方程式も同じように解けると考えた数学者たちは，鍵となる根の有理式の探索をはじめた．しかし根の有理式は無限に存在する．そのすべてを調べ尽くすことなどできるはずもない．数学者た

ちは計算の迷宮を行き来するばかりだった．

シュバリエの話によると，ガロアもこの計算の迷宮をさまよい，一時は「5次方程式を解く公式を発見した」と錯覚したこともあったという．

4次方程式を解くために鍵となる根の有理式のひとつに，次の式がある（4次方程式の根を a, b, c, d とする）．

$$(a+b)-(c+d)$$

この式は，たとえば $a \to b, b \to a, c \to d, d \to c$ というように根を置き換えても変化しない．また $a \to c, b \to d, c \to a, d \to b$ というように置き換えると，全体が -1 倍になる．

逆に，根を置き換えた場合に同じように変化する，あるいは変化しない有理式は，式のかたちが変わっても同じように方程式を解く鍵として作用する．この有理式と同じように変化する有理式としては次の有理式を考えることができる．

$$ab-cd$$

そしてこの有理式もまた，4次方程式を解く鍵となるのだ．

鍵となる根の有理式を探す場合，根の置き換えが重要な意味をもつ．ただ闇雲に根の有理式を探すのではなく，まずは鍵となる根の有理式を規定する根の置き換えを見つける必要があるのではないか，とそこまではわかっていた．しかしそれ以上は一歩も前に進めなかったのだ．

根の置き換えに続いて根の置き換えを行っても，当然のことながらやはり根の置き換えになる．このように，あるひとつの操作（演算）を行ってもその集合から飛び出さない集合を**群**という．群のき

ちんとした定義はあとで述べるが，この場合は置き換えの群なので，置換群と呼んでいる．置き換えのこともかっこよく置換と呼ぶことにしよう．また群の要素は元と呼んでいる．

群の中の一部の要素を取りだし，その要素同士で演算をしても，そのまとまりを飛び出さない場合がある．その一部の要素だけで群をなしているのだ．これを部分群という．

ある群に部分群が存在すると，その部分群をもとにして全体の群を，部分群と同じ数の元をもつチームに類別することができる．

たとえば体育館に20人の剣道選手がいたとする．この20人で個人戦を行うこともできるが，{先鋒，次鋒，中堅，副将，大将}の5人ずつのチームを4つつくって団体戦を行うこともできる．

同様にして元が20個である群に元が5個の部分群があると，元が5個ずつのチームを4個つくることができる．この4個のチームを剰余類と呼んでいる．しかし普通，このチームで団体戦を行うことはできない．試合(演算)をすると，チーム(剰余類)が壊れてしまうからだ．たとえて言えば，強い選手を引き抜く，というようなことが起こってしまうのである．

ところが，もとになる群が正規部分群であれば，そして正規部分群であるときに限り，団体戦が可能になる．剰余類同士で演算を行っても，剰余類が壊れないのだ．つまり剰余類全体が剰余類群になるのである．

ガロアが発見したのは，この正規部分群だ．

もとになった群と，正規部分群によって類別した剰余類群は，それを構成している群の元という観点から見ればまったく同じものだ．剰余類群の場合は，群の元が団体として行動するという違いがあるだけだ．正規部分群が存在すれば，個人戦もできるし，団体戦

も可能になるのである.

方程式の根の置換群については,それ以前から研究されていた.あとで述べるが,群についてのラグランジュの定理やコーシーの定理などは既に知られていた.5次方程式が代数的に解けないことを不十分ながらはじめて証明したルフィニは,5次方程式の根の置換120個の一覧表をつくって実験をした,と伝えられているが,そのルフィニも正規部分群を見ることはできなかった.

囲碁や将棋のある局面をたくさんの棋士が検討している.そこに絶妙の手筋があるのだが,それが見えているのは名人ただひとり,というようなことがしばしば起こる.みなまったく同じものを見ているにもかかわらず,凡百の棋士には見えない手筋が,名人には見えているのだ.

それと同じように,ガロア以前の数学者たちもガロアと同じものを見ていたのだが,どの数学者の目にも正規部分群は見えなかった.

純粋に群だけを考えるとき,正規部分群というのは取り立てて難しい概念ではない.中学生でも十分に理解できる.しかし方程式の根の置換群を研究する中で正規部分群に気付くというのは,ガロアにしてはじめて可能だったことなのだ.

ガロア以前,方程式論に画期的な業績を残したのはラグランジュだった.ガロアの方程式論の基礎をなす定理,①ガロア群の置換で不変な元は基礎体に属する,②ガロア群の置換は根の有理関係を保存する,③単拡大定理,などはすべてラグランジュが確立していた.

現代の目で振り返ってみると,ガロアは,ラグランジュが積み上げた塔の上にごくわずかのものを加えたに過ぎないかのようにも思

える．ガロア理論の啓蒙書の多くはラグランジュの業績の解説に大半のページを費やし，肝心のガロア理論の部分は付録のように巻末を飾っているように見える．ガロアが，ラグランジュ理論の完成者のように語られることもある．

しかしたとえば数学者の倉田令二朗は，このような見解に断固反対している．ラグランジュをメドにするくらいでガロア群が生まれるわけはない，と．

実際，ラグランジュは4次までの代数方程式の解法を徹底的に解剖したが，ついにガロア群の構造を発見することはできなかった．ラグランジュの目の前にも正規部分群はあったのだが，見えなかったのだ．

このことを象徴するのがラグランジュ分解式だ．ラグランジュは次の式が，3次方程式の解法において重要なはたらきをすることを発見した．

$$a+\omega b+\omega^2 c, \quad a,b,c は3次方程式の根, \quad \omega = \frac{-1+\sqrt{3}i}{2}$$

3次のラグランジュ分解式である．しかしラグランジュは，ラグランジュの分解式に十分な活躍の場を与えることができなかった．

3次方程式では3次のラグランジュ分解式が活躍したが，では4次方程式では4次のラグランジュ分解式が活躍するのかというと，そうではなかった．もし5次方程式が累乗根で解けたなら，5次のラグランジュ分解式が大活躍したはずであり，人類がガロア群の構造を発見するのもずっと早かっただろう．しかし5次方程式は累乗根では解けない．

ラグランジュ分解式が活躍するのは，ガロアが以下の第V節で明らかにしたように，剰余類群の位数が素数のときだ．一般の3次

方程式のガロア群の位数は$3!=6$で，分解する剰余類群の位数は2と3だ．したがって2次と3次のラグランジュ分解式が活躍する．4次方程式のガロア群の位数は$4!=24$で，位数2, 3, 2, 2の剰余類群に分解する．だからここでも活躍するラグランジュ分解式は2次と3次だけなのだ．

ラグランジュ分解式に，大向こうをうならせる晴れの舞台を与えたのはガウスだった．ガウスは1のn乗根を求める方程式——円周等分方程式——が根号で解けることを証明したが，その過程で，髀肉の嘆をかこっていたラグランジュの分解式に思う存分活躍させたのである．たとえば1の11乗根を求める方程式のガロア群の位数は10で，位数2, 5の剰余類群に分解する．位数5の剰余類群で5次のラグランジュ分解式が活躍するのだ．

ガロアは間違いなくガウスの著作を熟読していた．そしてその手法を自家薬籠中のものとしていた．第1論文の中でも，幾度か「ガウス氏の方法」に言及している．

しかし円周等分方程式のしかけがわかっても，それによって一般の代数方程式の構造がわかるわけではない．

ガロアは，根の有理式を代入したときに何が変化し，何が変化しないのかを見極めることによって，正規部分群を発見した．しかしそれはやはり，ガロアだからこそできたことなのだろう．ガロアの議論を追いながら，よくもまあこんなことに気付くことができたものだと感嘆を繰り返さずにはいられなかった．

正規部分群のもつ重層的な構造から方程式を眺めると，計算によって何ができるのか，その限界はどこにあるのかをはっきりと見て取ることができる．計算の迷宮の上空を飛翔し，はるかな高みから見下ろすことによって，計算の限界を見切ることができるのだ．

宮本武蔵が言った剣術の極意「太刀先の見切り」になぞらえて言えば，方程式術の極意「計算の見切り」である．計算の限界を見切ることができれば，その方程式が累乗根で解けるかどうかなどは，掌<small>（たなごころ）</small>を指すがごとくにあきらかになる．つまり，群の構造がすべてを語ってくれるのである．

ガロアは，それまで誰の目にも見えていなかった正規部分群を発見しただけではない．解へのアルゴリズムを求めるのではなく，そのアルゴリズムをも含む構造を追求するという研究の方向そのものが，数学研究のパラダイムを根本から転換するものであることをはっきりと自覚していた．死の半年前，サント・ペラジー刑務所に収監されていたときに執筆した，書かれることのなかった論文の序文は，その革命宣言でもあった．この序文は，加藤文元の『ガロア』(中公新書，2010)に全訳が掲載されているので，未読の方は是非読んでみることをおすすめする．

では，第1論文を読んでいこう．

以下，第1論文を掲載し，それについて解説していくという形式で進めていく．第1論文からの引用は紙がめくれたような枠で囲っておく．本書に引用したのは，第1論文の全文である．

繰り返しになるが，必要な知識は高校数学程度である．しかし理解するのは容易ではないはずだ．ガロアの議論についていくためには，感覚をとぎすませ，精神を集中させる必要がある．

じっくり時間をかけて，ゆっくりと楽しんでほしい．

1 ラグランジュからガロアへ
「諸原理」にはガロアの受け継いだ当時の数学が省略だらけでまとめられていた

　本論に入る前に，ガロアはまず，当時既に知られていたいくつかの事実を確認している．次の第Ⅰ節ですぐにガロア群の構成がはじまる．この内容はきちんと押さえておきたい．

> 諸原理
> 　よく知られているいくつかの定義と一連の補題の確認からはじめることにしよう．
> 　定義．有理的な因数をもつとき方程式は可約と呼ばれる．そうでないときは既約と呼ばれる．
> 　ここで，有理的という言葉が意味するところを説明しておく必要がある．この言葉がしばしば登場するためだ．
> 　方程式のすべての係数が有理数であるときは，有理的な因数をもつとは，簡単に，方程式が有理数を係数とする因数に分解しうることを意味すべきだろう．

　最初に方程式の既約，可約の定義が述べられているが，そもそも方程式とは何かについては一言も触れていない．

代数学の基本定理

　方程式にはいろいろな種類があるが，ガロアが言っている方程式

が，わたしたちが中学校で習いはじめるいわゆる代数方程式のことであることは明らかだ．代数方程式とは，一般的に書くと次のような形になる．

$$a_n x^n + a_{n-1} x^{n-1} + a_{n-2} x^{n-2} + \cdots + a_0 = 0, \quad a_n \neq 0$$

x の最高次の次数をとって，この代数方程式は n 次方程式と呼ばれている．この $a_n, a_{n-1}, \cdots, a_0$ などを係数という．

代数方程式で使われる演算は加減乗除（もちろん0で割ることは除く．以下このことはいちいちことわらない）だけだ．同じ数のかけ算を繰り返す累乗もかけ算の範疇に含めておく．つまり，微分，積分とか，sin, cos, log といった加減乗除以外の演算，関数は含まれない．ガロアの論文では代数方程式以外の方程式は登場しないので，以下簡単に方程式と呼ぶことにしよう．

方程式の左辺，つまり「=0」を取り除いた部分を多項式と言い，方程式とは区別される．しかしガロアはそのあたり実に鷹揚で，方程式と多項式を区別したりはしない．

ガロアにとっては当たり前すぎるのか，特に触れていないいくつかの定理があるので，確認しておこう．

まずは代数学の基本定理だ．

代数学の基本定理

複素数を係数とする n 次方程式は，重根を含め，n 個の複素数の根を有する．

この事実は17世紀頃から予想されていたが，きちんと証明したのは数学王と呼ばれたガウス（1777-1855）で，1799年のことだ．ガロアが第1論文のもとになった論文をフランス科学アカデミー

に提出したのが 1829 年なので,その 30 年前ということになる.

対称式も第 1 論文では重要な役割を果たす.対称式とは,文字を入れ替えても変化しない式のことだ.たとえば文字 a, b に対して

$$a^2+b^2$$
$$a^3+3a^2b+3ab^2+b^3$$

などが対称式——対称な多項式——となる.

$$\frac{a^2+ab+b^2}{a+b}$$

も対称式——対称な分数式——だ.

文字 a, b, c に対しては

$$a^3+b^3+c^3$$
$$(a-1)(b-1)(c-1)$$

などが対称式となる.

方程式

$$a_nx^n+a_{n-1}x^{n-1}+a_{n-2}x^{n-2}+\cdots+a_0 = 0, \quad a_n \neq 0$$

の両辺を a_n で割り,x^n の係数を 1 にして,その他の係数をあらためて $s_1, s_2, \cdots, s_n$ としよう.つまり

$$x^n+s_1x^{n-1}+s_2x^{n-2}+\cdots+s_n = 0$$

またこの方程式の n 個の根を $x_1, x_2, \cdots, x_n$ とすると,この方程式は次のように因数分解される.

$$(x-x_1)(x-x_2)\cdots(x-x_n) = 0$$

左辺を展開すると,

$$x^n - (x_1+x_2+\cdots+x_n)x^{n-1} + (x_1x_2+x_1x_3+\cdots+x_{n-1}x_n)x^{n-2}$$
$$+\cdots+(-1)^n(x_1x_2\cdots x_n) = 0$$

この係数ともとの方程式の係数を比較すると次のようになる.

$-s_1 = x_1+x_2+\cdots+x_n$	根1つの和
	→ 1次の基本対称式
$s_2 = x_1x_2+x_1x_3+\cdots+x_{n-1}x_n$	根2つの積の和
	→ 2次の基本対称式
$-s_3 = x_1x_2x_3+x_1x_2x_4+\cdots+x_{n-2}x_{n-1}x_n$	根3つの積の和
	→ 3次の基本対称式
……	
$(-1)^n s_n = x_1x_2\cdots x_n$	根n個の積
	→ n次の基本対称式

これらを**基本対称式**と言う.2次方程式,3次方程式については,「根と係数の関係」という表題で,高校で学んだはずだ.つまり2次方程式

$$x^2+ax+b = 0$$

の根をα, βとすると,

$$\alpha+\beta = -a$$
$$\alpha\beta = b$$

また3次方程式

$$x^3+ax^2+bx+c=0$$

の根を α, β, γ とすると,

$$\alpha+\beta+\gamma = -a$$
$$\alpha\beta+\beta\gamma+\gamma\alpha = b$$
$$\alpha\beta\gamma = -c$$

というわけだ.この根と係数の関係は,一般の n 次方程式でも成り立っている.

対称式と基本対称式については,次の重要な定理がある.

> **対称式の基本定理**
>
> 対称な多項式は,基本対称式の多項式で表される.また対称な分数式は,基本対称式の多項式の商として表される.

たとえば,ふたつの文字 a, b について

$$a^2+b^2 = (a+b)^2-2ab$$
$$\frac{b}{a}+\frac{a}{b} = \frac{(a+b)^2-2ab}{ab}$$

3つの文字 a, b, c について

$$(a-1)(b-1)(c-1) = abc-(ab+bc+ca)+(a+b+c)-1$$

これらは大学入試のための必須のテクニックでもあるので,よく承知していることと思う.対称式の基本定理と,根と係数の関係を組み合わせると,次の定理が成り立つ.

> **根の対称式の性質**
>
> 方程式の根の対称式は，方程式の係数の加減乗除で表される．

「有理的」という言葉の説明として，方程式の係数が有理数であるとき，有理数の範囲で因数分解できるときを可約，そうでないときを既約という，とガロアは定義している．

つまり，方程式 $x^2-4=0$ は，

$$(x+2)(x-2)=0$$

と因数分解できるので可約であり，方程式 $x^2-2=0$ を因数分解すると

$$(x+\sqrt{2})(x-\sqrt{2})=0$$

と有理数の範囲を飛びだしてしまうので既約である，というわけだ．極めて明確であり，1点の疑問の余地もない．

また既約方程式の根は，親の血を引く兄弟よりも強い絆で結ばれているので，その関係を共役(きょうやく)と呼んでいる．共役はもともと「共軛(きょうやく)」と表記されていた．「軛(くびき)」とは牛馬を固定するために車のながえにつけられた横木のことだ．だから共軛と表記すれば「共に軛につながれた」という意味合いになり，しっくりする．しかし現在は漢字制限のおかげで，普通は共役と表記する．あまり気乗りはしないが，この本でもそう表記することにする．

> しかし，方程式のすべての係数が有理数とは限らないとき，因数の係数が与えられた方程式の係数の有理式であらわされるものを有理的な因数であると理解すべきだ．一般に有理的な量

とは，与えられた方程式の係数の有理式であらわされる量のことである．

さらに，既知の有限個の定められた量のすべての有理式を有理的であると考えることも可能であろう．たとえば，ある整数のひとつの累乗根を選び，この累乗根のすべての有理式を有理的であると考えることもできよう．

このようにいくつかの量を既知であると考えたとき，これらの量を解くべき方程式に添加する，と言うことにしよう．これらの量は方程式に添加された，と表現するのである．

このように定めたうえで，方程式の係数と，方程式に添加されたいくつかの量，さらに任意に定められた量の有理式であらわされるすべての量を有理的と呼ぶことにしよう．

補助方程式を用いるとき，その係数がここで定義された意味で有理的であるならば，それらの補助方程式は有理的であろう．

なお，方程式の特性と難しさは，それに添加される量によってまったく異なってくる．たとえば，ひとつの量の添加によって，既約の方程式を可約にすることも可能だ．

このようにして，次の方程式

$$\frac{x^n-1}{x-1}=0, \text{ここで } n \text{ は素数}$$

にガウス氏の補助方程式のひとつの根を添加すると，方程式は因数分解し，その結果可約となる．

こうなると,「有理的」という言葉は,有理数から完全に離れてしまう. そもそも「一般に有理的な量とは,与えられた方程式の係数の有理式であらわされる量のことである」と規定したあとで,「……有理的であると考えることも可能であろう」とか「……有理的であると考えることもできよう」などと付け加えるのは,論理的に問題があるのではないか.

　ここで「有理式」という言葉が出てくるが,これは「有理数」と同じく,与えられた数や量,文字の有限回の加減乗除であらわされる式のことである. つまり1をもとにして有限回の加減乗除でつくられる数が有理数であり,方程式の係数をもとにして有限回の加減乗除でつくられる式が「方程式の係数の有理式」である.

　しかしこの部分をじっくりと読むと,ガロアが体(たい)の元について語っていることがわかる. 体とは,加減乗除という四則演算で閉じた集合を意味する.

　有理数同士に加減乗除をほどこしても,結果は有理数となる. つまり有理数全体の集合は,最小の体となる. これを有理数体といい,普通 Q という記号で表現する.

　実数と実数の加減乗除の結果も実数になる. したがって実数全体の集合も体となる. これは R で表す.

　また複素数全体の集合も体であり,これは C で表す.

　Q, R, C の包含関係は次のようになる.

$$Q \subset R \subset C$$

　自然数全体の集合は体にはならない. 自然数−自然数 が自然数であるとは限らないからだ.

　同様に整数全体の集合も体にはならない. 整数÷整数 が整数に

なるとは限らないからだ.

山下純一の『ガロアへのレクイエム』(現代数学社,1986)によると,ガロアの生前,雑誌に発表された数学の論文は5編だったという.1829年4月から1830年12月まで,ガロア17歳から19歳までの間だ.ガロアの論文の前後には,ポアソンやコーシーといった錚々たる面々の論文が並んでいる.当時の実力者であるのはもちろん,いずれ数学史に名を刻む人々でもある.ガロアが当時,数学界で一定の評価を得ていたことを示しているようだ.

そのうちの1編「数論について」(1830年6月)でガロアは,有限個の元からなる体について論じている.

pを素数とし,整数をpで割ったあまりで類別する.あまりが等しい整数を同じとみなすわけだ.この世界では,$=$のかわりに$\equiv$を使う.このとき,pを「法」といい,mod という記号であらわす.

たとえば mod 5 のとき,

あまりが 0 → $\cdots -10 \equiv -5 \equiv 0 \equiv 5 \equiv 10 \equiv \cdots$

あまりが 1 → $\cdots -9 \equiv -4 \equiv 1 \equiv 6 \equiv 11 \equiv \cdots$

あまりが 2 → $\cdots -8 \equiv -3 \equiv 2 \equiv 7 \equiv 12 \equiv \cdots$

あまりが 3 → $\cdots -7 \equiv -2 \equiv 3 \equiv 8 \equiv 13 \equiv \cdots$

あまりが 4 → $\cdots -6 \equiv -1 \equiv 4 \equiv 9 \equiv 14 \equiv \cdots$

これですべての整数を類別することができる.この世界では,すべての整数を$\{0, 1, 2, 3, 4\}$で代表させることができる.足し算,引き算,かけ算の結果も$\{0, 1, 2, 3, 4\}$の範囲を飛び出さないことは明らかだろう.実は割り算の結果も,この範囲を飛び出すことはない.割り算を,普通の計算のように分数で表すのではなく,原則

に従ってかけ算の逆演算と考えればいいのだ．つまり

　　$1 \times 1 \equiv 1 \to 1$ の逆数は 1

　　$2 \times 3 \equiv 6 \equiv 1 \to 2$ の逆数は 3, 3 の逆数は 2

　　$4 \times 4 \equiv 16 \equiv 1 \to 4$ の逆数は 4

と 0 を除くすべての数の逆数が存在するので，割り算の結果もこの範囲内におさまる．したがってこれは $\{0,1,2,3,4\}$ という 5 つの元による体ということになる．

これを前提にした上で，ガロアはガロア虚数の添加による体の拡大，というわけのわからないことをはじめる．これはこれで非常におもしろく，また各方面に応用されているテーマだ．

この論文にちなんで，有限個の元による体を現在「ガロア体」と呼んでいる．

普通，有理数体 Q が最小の体であると言われているが，ガロア体まで考えに入れるとそうではない．そしてガロアの理論はガロア体上でも成立する．しかしガロアの第 1 論文はガロア体についてまったく言及していないので，これは無視することにしよう．

普通の計算が行われる世界で最小の体は，有理数体 Q なのである．

体という言葉をはじめて使用したのはデデキント(1831-1916)だ．デデキントが生まれたのはガロアの死の前年であり，当然のことながらガロアは体という言葉を知らない．

デデキントは，四則計算が自由にできる組織を有機体にたとえ，人体，あるいは体を意味する Körper(ケルパー)という単語を用いた．そのため体については K という文字を使うことが多い．日本語の体は，それをそのまま翻訳したものだ．

しかし英語圏の人々はこの言葉が気に入らなかったらしく，体の

訳語として body ではなく field という言葉を使っている．だから英語圏では，体をあらわすのに F という文字を使うことが多いらしい．ちょっとおもしろい現象だ．

ガロアは体という言葉を使わなかった．しかし第1論文を読めば，ガロアが明確に「体の元」という概念を有していたことは断言できそうだ．

方程式について考察する場合，その係数を含む体が常に問題となる．そこで，係数を含む最小の体を係数体と名付けよう．有理数を係数とする方程式の係数体は，有理数体 Q である．

体を拡大していくと，既約であった方程式も可約になる．代数学の基本定理が意味しているのは，複素数を係数とするすべての方程式は，複素数体 C の上では可約になる，ということだ．

第1論文の目的は，方程式が累乗根で解けることの条件を探ることだ．だから体を一気に複素数体 C にまで拡大しても，何のおもしろみもない．

方程式を累乗根で解くとき，許されている演算は，加減乗除と累乗根を求めることだけだ．そしてその演算の材料は係数だけである．

体の中では自由に加減乗除ができる．しかし累乗根を求めるという演算は，時に体の範囲を飛びだしてしまう．そこで，その演算の結果得られた累乗根を体に添加して，体を拡大していくことが必要になっていく．

ガロアは「方程式にこれらの量を添加する」と書いているが，現代では「体にこれらの量を添加する」と表現する．

「累乗根で方程式が解けること」を，体という言葉を使って言い換えると，「係数体の元の累乗根を係数体に添加し，さらにその元

の累乗根を添加していって，方程式を可約にすること」ということになろう．

体 K に a という量を添加した体を

$$K(a)$$

と表記する．体 K に $a, b, c, \cdots, d$ を添加した体は次のようになる．

$$K(a, b, c, \cdots, d)$$

アーベルやガロアが証明したように，5次の一般の方程式は累乗根では解けない．これは係数体の元の累乗根，そしてそれを添加して拡大した体の元の累乗根を有限回添加していっても，可約にならない方程式が存在する，ということを意味している．

前述したが，複素数を係数とする方程式は複素数体の上では可約となる．しかし累乗根を次々に有限回添加して拡大していくだけでは，複素数体に到達することはできないのだ．

ガロアは，体の拡大によって既約が可約にかわる例として，次の方程式をあげている．

$$\frac{x^n - 1}{x - 1} = 0, \ ここで n は素数$$

$x^n - 1 = 0$ の根は，n 乗して1になる数，つまり1の n 乗根だ．実数としてこの根となる可能性があるのは1と -1 だが，n を奇素数（2を除く素数，当然奇数だ）とすると，-1 は排除され，1だけとなる．この方程式の根は n 個あるが，そのうち実数は1だけだ．

この方程式は1を根にもつので，可約であり，次のように因数分解される．

$$x^n-1 = 0$$
$$(x-1)(x^{n-1}+x^{n-2}+x^{n-3}+\cdots+1) = 0$$

だから x^n-1 を $x-1$ で割った残り,つまり

$$x^{n-1}+x^{n-2}+x^{n-3}+\cdots+1 = 0$$

は既約となる.

この既約方程式は,n が何次であろうと,累乗根で解ける.これを証明したのはガウスだ.『ガウス整数論』(高瀬正仁訳,朝倉書店,1995)の第7章がまるまるこの証明にあてられており,1の17乗根や19乗根を実際に累乗根で解いてみせている.ガロアが『ガウス整数論』を熟読していたのは確実で,第1論文でも幾度かこの方程式や,「ガウス氏の方法」について触れている.

群と体

ここまでの部分でガロアが述べようとしたことは,体という単語を使うと,すっきりと明確に記述することができる.整理しよう.
- 係数体の上で因数分解が可能な方程式を可約,不可能な方程式を既約という.
- 係数体にある数を添加して体を拡大していくと,既約の方程式が可約に変わることもある.

体の上で因数分解が可能だということは,その体の要素を係数とした因数分解が可能だということを意味している.

「有理的」という言葉も,体という言葉を使えば簡略にすっきりと説明できる.もちろんここでの「有理的」はガロア独自の用法で

あり，他では使えない．

・体に含まれている数を有理的という．また，多項式の場合，体の要素を係数としている場合に，有理的という．

つまり，方程式を論じる場合，どのような体を問題にしているかに常に注意を払う必要があるわけだ．

> 置換とは，ひとつの順列からもうひとつの順列への移行のことである．
>
> 置換を表現するために最初に使用する順列は，式に関する限り，まったく任意でよい．なぜなら式の中のいくつかの文字について，ある文字がその位置にあるべきであるというような理由はまったくないからである．
>
> しかし，順列を考えることなしに置換を考察することは不可能なので，順列という語をしばしば用いることになるであろう．その場合，ひとつの順列から別の順列への移行という以外に置換を考えることはない．
>
> いくつかの置換を集めて群をつくろうとするときは，常に同一の順列からはじまることにする．
>
> 最初の文字の配列が何の影響も及ぼさないものを常に考えるので，わたしたちが考える群は，どのような順列からはじまったとしても同じ置換が得られるであろう．したがって，ある群が置換 S と T を含んでいれば，その群は必ず置換 ST を含む．
>
> これらが想起しておく必要があると思われる定義である．

第1論文では根の置換が重要な役割を果たす．そのためガロアはここで，置換の定式化を行っている．

たとえば

$$a+2b+3c$$

という多項式に対して, $a \to b$, $b \to c$, $c \to a$ という置換をほどこすと, 次のようになる.

$$b+2c+3a$$

この置換を現代では普通, 次のように表す.

$$\begin{pmatrix} a & b & c \\ b & c & a \end{pmatrix}$$

これを見れば, どのような置換であるか一目瞭然だろう. また $a \to b \to c \to a \to \cdots$ と置換しているので, 次のように書くこともある.

$$(a \ \ b \ \ c)$$

これは a, b, c がこの順番でぐるぐるまわっているので, **巡回置換**と呼んでいる.

ある置換があって, $a \to \cdots \to a$ と, a からはじまって a におわる巡回をまず考える. そこに出てこない要素があった場合, それを b として, $b \to \cdots \to b$ という巡回を考える. このように考えていくと, すべての置換は同じ文字を含まない巡回置換の積で表されることは明らかだろう.

たとえば次のような具合だ.

$$\begin{pmatrix} a & b & c & d & e \\ b & a & d & e & c \end{pmatrix} = (a \ b)(c \ d \ e)$$

$$\begin{pmatrix} a & b & c & d & e & f & g \\ g & d & f & b & c & e & a \end{pmatrix} = (a\ g)(b\ d)(c\ f\ e)$$

$a, b, c, \cdots$ という文字の代わりに，1, 2, 3, $\cdots$ という数字で置換を表すことも多い．

$$\begin{pmatrix} 1 & 2 & 3 \\ 2 & 3 & 1 \end{pmatrix} = (1\ 2\ 3)$$

また特別な置換として，単位置換というものがある．つまり，もとのままで何も動かさない置換だ．普通 ε (イプシロン) で表記する．

ガロアは，現代とは違い，置換について独特の書き方をしている．たとえば，1, 2, 3 という3つの要素についての置換の場合，次のように表記した．

$$\begin{array}{ccc} 1 & 2 & 3 \\ 1 & 3 & 2 \\ 2 & 1 & 3 \\ 2 & 3 & 1 \\ 3 & 1 & 2 \\ 3 & 2 & 1 \end{array}$$

これは，1行目を基準として，それぞれの順列に置換する，ということを意味している．現代式の表記をすれば，次のようになる．

1行目 → 1行目 $\begin{pmatrix} 1 & 2 & 3 \\ 1 & 2 & 3 \end{pmatrix} = (\ ) = \varepsilon$ （単位置換）

$$1\text{行目} \to 2\text{行目} \quad \begin{pmatrix} 1 & 2 & 3 \\ 1 & 3 & 2 \end{pmatrix} = (2\ 3)$$

$$1\text{行目} \to 3\text{行目} \quad \begin{pmatrix} 1 & 2 & 3 \\ 2 & 1 & 3 \end{pmatrix} = (1\ 2)$$

$$1\text{行目} \to 4\text{行目} \quad \begin{pmatrix} 1 & 2 & 3 \\ 2 & 3 & 1 \end{pmatrix} = (1\ 2\ 3)$$

$$1\text{行目} \to 5\text{行目} \quad \begin{pmatrix} 1 & 2 & 3 \\ 3 & 1 & 2 \end{pmatrix} = (1\ 3\ 2)$$

$$1\text{行目} \to 6\text{行目} \quad \begin{pmatrix} 1 & 2 & 3 \\ 3 & 2 & 1 \end{pmatrix} = (1\ 3)$$

$\{1,2,3\}$ の置換はこれですべてだ．この表記法であれば，ガロアが「順列」という言葉を使っていることも納得がいくだろう．

最初の順列が任意でよい，という注意も，至極当然だ．実際，ガロア流の表記の1行目が１２３であろうが，１３２であろうが，あるいは他の順列であろうが，置換全体は同じものとなる．

置換で重要な点は，置換に続いて置換をしても，やはり置換であるという点だ．たとえば

$$\begin{pmatrix} 1 & 2 & 3 \\ 3 & 1 & 2 \end{pmatrix}$$

に続いて

$$\begin{pmatrix} 1 & 2 & 3 \\ 2 & 1 & 3 \end{pmatrix}$$

をやってみよう．はじめの置換で1は3にかわり，次の置換で3は3にかわる．同様にして，2→1→2，3→2→1と置き換わるので，次のようになる．

$$\begin{pmatrix} 1 & 2 & 3 \\ 3 & 1 & 2 \end{pmatrix} \begin{pmatrix} 1 & 2 & 3 \\ 2 & 1 & 3 \end{pmatrix} = \begin{pmatrix} 1 & 2 & 3 \\ 3 & 2 & 1 \end{pmatrix}$$

注意しなければいけないのは，置換の場合，一般に交換法則が成り立たない，という点だ．この例で確かめてみよう．

$$\begin{pmatrix} 1 & 2 & 3 \\ 2 & 1 & 3 \end{pmatrix} \begin{pmatrix} 1 & 2 & 3 \\ 3 & 1 & 2 \end{pmatrix} = \begin{pmatrix} 1 & 2 & 3 \\ 1 & 3 & 2 \end{pmatrix}$$

順番を変えると，結果が異なってくる．

ガロアは置換が群になると言っているのだが，その内容は「ある群が置換 S と T を含んでいれば，その群は必ず置換 ST を含む」という一言だけだ．特に群の定義のようなものは述べていない．

現代では，ある演算が定められている集合で，次の4つの条件を満たすものを群と言っている．

群の公理

(1) 演算に関して，集合は閉じている．つまり

$$a, b \in G \rightarrow ab \in G$$

(2) 結合法則．つまり

$$(ab)c = a(bc)$$

(3) 単位元の存在.つまり,すべての元 a について

$$a\varepsilon = \varepsilon a$$

となる単位元 ε が存在する.

(4) 逆元の存在.つまり,すべての元 a に対し,

$$ab = ba = \varepsilon$$

となる逆元 b が存在する.

しかし方程式の根の置換群(当然,有限群である)の場合,(1)の条件,つまり「演算について閉じている」という条件だけで,群であることが保証される.

置換が結合法則を満たしていることは明らかだ.

置き換えを行わない置換,つまり( )=ε が単位元になる.

そして逆元は,その上と下をひっくりかえしたものだ.

$$\begin{pmatrix} 1 & 2 & 3 \\ 3 & 1 & 2 \end{pmatrix} \text{逆元} \rightarrow \begin{pmatrix} 3 & 1 & 2 \\ 1 & 2 & 3 \end{pmatrix} = \begin{pmatrix} 1 & 2 & 3 \\ 2 & 3 & 1 \end{pmatrix}$$

したがってガロアが述べているように「ある群が置換 S と T を含んでいれば,その群は必ず置換 ST を含む」という条件だけで,置換は群をなすのである.

現代では,さまざまな群が考えられている.日常親しんでいるものとしては,たとえば整数の集合が考えられる.整数の集合は,足し算という演算で群をなしている.つまり

(1) 整数+整数=整数 なので閉じている.
(2) 結合法則が成り立つ.
(3) 0 が単位元である.
(4) a に対して, $-a$ が逆元になる.

この群の元は,置換群とは異なり,無限だ.

残念ながら,かけ算という演算に対しては,逆元が存在するとは限らないので,整数全体の集合は群にならない.

群についての基本的な用語を整理しておこう.

・n 個の元の置換をすべて集めたものを, **n 次対称群**と呼び, S_n であらわす.

$$S_2 = \{\varepsilon, (1\ 2)\}$$
$$S_3 = \{\varepsilon, (1\ 2), (1\ 3), (2\ 3), (1\ 2\ 3), (1\ 3\ 2)\}$$

・群 G に含まれている元の個数を**位数**といい,

$$|G|$$

であらわす.たとえば

$$|S_2| = 2, \quad |S_3| = 6, \quad |S_4| = 24, \quad |S_5| = 120$$

・置換群の元は累乗していくと必ず ε になる.その指数のうち最小のものを**元の位数**という.同じ「位数」という言葉なので,混同しないように.

$$(1\ 2)^2 = \varepsilon, \quad (1\ 2) \text{ の位数は } 2$$
$$(1\ 2\ 3\ 4\ 5)^5 = \varepsilon, \quad (1\ 2\ 3\ 4\ 5) \text{ の位数は } 5$$

・(1 2) と (1 2 3) というふたつの元が存在すると, S_3 の元がす

べて出てくる.

$$(1\ 2)(1\ 2) = \varepsilon$$
$$(1\ 2)(1\ 2\ 3) = (1\ 3)$$
$$(1\ 2\ 3)(1\ 2) = (2\ 3)$$
$$(1\ 2\ 3)(1\ 2\ 3) = (1\ 3\ 2)$$

このとき, $(1\ 2)$ と $(1\ 2\ 3)$ を S_3 の生成元と呼んでいる. また S_3 は $(1\ 2)$ と $(1\ 2\ 3)$ で生成されるともいう.

・$a = (1\ 2\ 3\ 4\ 5)$ を生成元とする群を G とすると

$$G = \{\varepsilon, a, a^2, a^3, a^4\}$$

このように, ひとつの元の累乗ですべての元があらわされる群を巡回群という. もっとも単純な群である.

さらに, 群の基本的な定理を3つ. これらの定理はガロアもよく知っていた.

ラグランジュの定理

部分群の位数は, 全体の群の位数の約数である.

たとえば, S_3 の位数は6で, その部分群としては, $\{\varepsilon, (1\ 2)\} \to$ 位数2, $\{\varepsilon, (1\ 2\ 3), (1\ 3\ 2)\} \to$ 位数3 などがある.

コーシーの定理①

位数が素数である群は巡回群である.

特に，素数 p 個の要素の置き換えである置換群の位数が p ならば，この群は次の置換を生成元とする．

$$(1\ 2\ \cdots\ p)$$

たとえば 5 個の要素の置き換えである置換群 G の位数が 5 ならば，$a=(1\ 2\ 3\ 4\ 5)$ として，

$$G=\{\varepsilon,\ a,\ a^2,\ a^3,\ a^4\}$$

コーシーの定理②

群 G の位数が素数 p で割り切れるならば，位数 p の元が存在する．

たとえば S_5 の位数は 120 で，素数 2, 3, 5 で割り切れるが，確かに次の元が S_5 に含まれている．

位数 2 の元　$(1\ 2)$

位数 3 の元　$(1\ 2\ 3)$

位数 5 の元　$(1\ 2\ 3\ 4\ 5)$

ラグランジュの定理により，部分群の位数が全体の群の位数の約数であることはわかるが，全体の群の位数がたとえば n で割り切れたとしても，位数 n の部分群が必ず存在するわけではない．しかし全体の群の位数が素数 p で割り切れれば，コーシーの定理②により，位数 p の部分群が必ず存在するのである．

4つの補題とガロアの証明

> 補題Ⅰ
> 既約な方程式は,有理的な方程式を割り切るときを除けば,共通根をもつことはない.
> なぜなら,既約な方程式とその他の方程式の最大公約式は有理的であるからである.それゆえ,云々.

ここから補題が4つ続く.

これまで,群と体という代数的構造が出てきたが,その中間に,環という代数的構造がある.

・群:ひとつの演算(足し算,かけ算,あるいは置換を続けて行うという演算)とその逆演算について閉じている.

・体:足し算とかけ算というふたつの演算とその逆演算について閉じている.

これに対して,環は次のような集合だ.

・環:足し算とその逆演算,そしてかけ算について閉じている.しかしかけ算の逆演算(割り算)については閉じていない.

環の具体例として,整数があげられる.

$$整数 + 整数 = 整数$$
$$整数 - 整数 = 整数$$
$$整数 \times 整数 = 整数$$

なので,整数が足し算,引き算,かけ算で閉じていることは明らかだ.また 整数÷整数 は整数であるとは限らないので,割り算については閉じていない.整数の場合,足し算,かけ算で交換法則が成

り立つので，**可換環**と呼ばれている．

整数は割り算について閉じていないので，特に割り算の法則が重要になる．たとえば 351 と 832 について，小学校以来のあまりのある割り算をやってみよう．

$$832 \div 351 = 2 \quad \text{あまり} \quad 130$$

しかしこの「あまり……」という書き方は，等号ではないので，いろいろと不便だ．そこで普通は次のように書く．

$$832 = 2 \times 351 + 130$$

一般的に書くと，整数 f, g に対して，次のような整数 q, r がただひとつ定まる．

$$f = qg + r, \quad \text{ただし } 0 \leqq r < |g|$$

これを割り算の法則という．

このとき，f と g の最大公約数が，g と r の最大公約数と等しい，というおもしろいことが起こる．f と g の最大公約数を (f, g) とあらわすと，

$$(f, g) = (g, r)$$

この性質を用いて最大公約数を求める方法が，かの有名なユークリッドの互除法だ．また，832 と 351 の最大公約数 13 に関して，ある数 m, n が存在して，次の式が成り立つ．

$$832m + 351n = 13$$

これを満足する m, n は無限に存在するが，たとえば $m = -8$,

$n=19$ がそうだ.

一般的に書くと,ふたつの整数 f, g の最大公約数を r とすると,次のような整数 m, n が存在する.

$$mf+ng = r$$

とくに f と g が互いに素である場合は,ある整数 m, n に対して,次の式が成り立つ.

$$mf+ng = 1$$

これは初等整数論において非常に重要な式で,さまざまなところで大活躍をする.整数論の本を読めば,幾度もこの式にお目にかかることになるはずだ.このあたり,初等整数論の本には必ず詳しい解説が記されているが,たとえば拙著『13歳の娘に語るガウスの黄金定理』(岩波書店,2013)参照.

ひとつの文字についての多項式全体の集合も環になる.

$$多項式+多項式 = 多項式$$
$$多項式-多項式 = 多項式$$
$$多項式 \times 多項式 = 多項式$$

このことは明らかだろう.さらに足し算,かけ算で交換法則が成り立つので,可換環でもある.

整数と同じ可換環の構造をもっているので,整数についての法則が多項式についてもそのまま成立する場合が多い.

割り算の法則もそのまま成立する.たとえば

$$f(x) = (x+1)(x+2)(x+3)(x+4) = x^4+10x^3+35x^2+50x+24$$

$$g(x) = (x+1)(x+5) = x^2+6x+5$$

について割り算を実行すると,

$$f(x) = (x^2+4x+6)g(x)+(-6x-6)$$

一般的に書くと,ふたつの多項式 $f(x)$, $g(x)$ に対して

$$f(x) = q(x)g(x)+r(x), \quad \text{ただし } g(x) \text{ の次数} > r(x) \text{ の次数}$$

となる多項式 $q(x)$, $r(x)$ がただひとつだけ定まる.

割り算の法則が成立するので,ユークリッドの互除法もそのまま成立する.

つまり,ふたつの多項式 $f(x)$, $g(x)$ の最大公約式を $r(x)$ とすると,次の式を満足する多項式 $m(x)$, $n(x)$ が存在する.

$$m(x)f(x)+n(x)g(x) = r(x)$$

とくに $f(x)$, $g(x)$ が互いに素である場合は,次の式を満足する多項式 $m(x)$, $n(x)$ が存在する.

$$m(x)f(x)+n(x)g(x) = 1$$

ユークリッドの互除法の計算は,基本的に足し算・引き算を次々に行っていくだけだったことを思いだしてほしい.この計算の過程では係数同士の足し算・引き算だけが行われるわけであり,体の範囲を飛び出すことはない.したがって,最大公約式の係数は $f(x)$, $g(x)$ の係数体に含まれる.ガロア流に有理的という言葉を使えば,「最大公約式は有理的である」ということになる.

補題 I の内容も,整数に翻訳すれば,わざわざ証明することもな

い，あたりまえのことに思えるはずだ．

「既約な方程式は，有理的な方程式を割り切るときを除けば……」とあるが，$g(x)=0$ が $f(x)=0$ を割り切るとはどういうことか，ちょっと想像ができない．ここの「方程式」は，「多項式」であると考えるべきだろう．ガロアは基本的に方程式と多項式を区別していない．

補題Ⅰの内容を整数に翻訳すれば次のようになるだろう．

> 整数 f と素数 p があったとする．f と p が1以外の共通因数をもつのは，f が p で割り切れるときだけである．

たとえばある整数と素数13があったとする．1以外の共通因数があるとすれば，それは13に限られる．13が素数である限り，当然すぎる内容だ．

多項式の場合で考えてみよう．

既約多項式と有理多項式が共通根 a をもっていたとする．有理多項式の「有理」は，この多項式の係数が既約多項式の係数体に含まれていることを意味している．

共通根 a をもつ，ということは，$x-a$ を共通因子としてもつことを意味している．したがって既約多項式と有理多項式の最大公約式は $x-a$ を因子としてもつ．しかし既約多項式は1と自分自身以外の有理因子をもちえない．したがって最大公約式は，既約多項式そのものとなるはずである．

補題Ⅰは，有理多項式と既約多項式が共通根をもてば，有理多項式は既約多項式で割り切れるということを意味している．つまり有理多項式 $f(x)$ と既約多項式 $g(x)$ が共通根 a をもてば，ある有理多項式 $h(x)$ が存在して，次の式が成り立つ．

$$f(x) = h(x)g(x)$$

したがって，$g(x)=0$ の他の根 $b, c, \cdots$ に対しても

$$f(b) = h(b)g(b) = h(b)\cdot 0 = 0$$
$$f(c) = h(c)g(c) = h(c)\cdot 0 = 0$$
$$\cdots\cdots$$

となる．つまり $g(x)=0$ のすべての根は，$f(x)=0$ の根になるというわけだ．

落ち着いて考えれば極めて当然な事実なのだが，この補題Ⅰの結果は第1論文で大活躍する．

またガロアは，既約方程式 $f(x)=0$ の根 $a, b, c, \cdots$ がすべて異なることを前提にしている．この事実は補題Ⅰからすぐに出てくる．証明しておこう．

[既約方程式は重根をもたないことの証明]

（前提）

微分についての無限小や極限というような議論を避けるため，$f(x)$ の微分 $f'(x)$ を次のように形式的に定める．

$$f(x) = a_n x^n + a_{n-1} x^{n-1} + \cdots + a_2 x^2 + a_1 x + a_0$$

に対して

$$f'(x) = na_n x^{n-1} + (n-1)a_{n-1} x^{n-2} + \cdots + 2a_2 x + a_1$$

このように定義しても，微分に関する公式はそのまま成立する．

（証明）

既約方程式 $f(x)=0$ が重根 a をもてば，$f(x)$ はある拡大体上で次のように因数分解される．

$$f(x) = (x-a)^2 g(x)$$

これを微分すると，（微分の公式 $\{p(x)q(x)\}'=p'(x)q(x)+p(x)q'(x)$ を使う）

$$f'(x) = 2(x-a)g(x)+(x-a)^2 g'(x)$$
$$\therefore\ f'(a) = 2\times 0 \times g(x)+0^2\times g'(x) = 0$$

したがって $f(x)=0$ と $f'(x)=0$ は共通根 a をもつ．$f(x)=0$ は既約方程式だったので，補題 I により $f(x)$ は $f'(x)$ を割り切る．

しかし $f(x)$ は n 次，$f'(x)$ は $n-1$ 次なのでこれは不可能．∎

ところで，「それゆえ，云々」とか，あとで出てくる「証明は思いつくであろう」というのはやめてほしいと思う．ガロアにとっては当たり前すぎることでも，普通の人にとってはそうではないことが多々あるのだ．そういうことをやっているから大学入試に2度も失敗したんだぞ，とアドバイスしたくもなってしまう．きちんと書くのが面倒くさかったんだろうが，最初に論文を書いたときは別に時間が切迫していたわけでもないはずだ．

そう言いながらも，これから何かの試験を受ける機会があったら，「Q.E.D」ではなく，「それゆえ，云々」で証明の最後を締めくくってみたいとも思う．カッコイイではないか．気のきいた教師ならボーナス点をくれるかもしれない．本当に試験を受ける人にはおすすめしないけど……．

> 補題Ⅱ
>
> 　重根をもたない任意の方程式が与えられたとする．その方程式の根を $a, b, c, \cdots$ としよう．このとき，可能な根のすべての置換によって異なる値が得られる根の式 V をつくることができる．
>
> 　たとえば，次のような式がこの条件を満たす．
>
> $$V = Aa + Bb + Cc + \cdots$$
>
> $A, B, C, \cdots$ は適当な整数．

　これはわざわざ証明するまでもなく，当然と思えることなのではないだろうか．ガロアの理論の解説書では，この補題についても実に大がかりで厳密な証明を実行しているものが多々ある．数学者たちは，こんな定理でも厳密に証明しなければ落ち着かないのかもしれないが，これは一般常識の範囲内なのではないか．

　ほとんどの場合，

$$V = a + 2b + 3c + \cdots$$

とやっておけば，あらゆる根の置換で V の値は違ってくるはずだ．

　もう少し厳密に考えてみよう．

　n 個の根の置換で変化する V の値はたかだか有限個（$n!$ 通り）に過ぎない．ところがこちらは，係数として無限個の整数をもっているのだ．たかだか有限個の V の値がそれぞれ異なったものになるように係数を定めることなど朝飯前だ．それゆえ，云々．

　この補題についてはこの程度で十分だろう．

　またガロアは例示した式で，$A, B, C, \cdots$ が適当な整数である，

とことわっているが，別に整数でなければならないわけではない．ガロアの言う意味で「有理的」な量であればいい．つまり係数体に含まれている数であれば十分である．

この補題IIによってつくった式 V は，第1論文で大活躍する．

補題III

式 V を補題IIの条件にあうようにつくれば，与えられた方程式のすべての根は，V の有理式であらわすことができる．

実際，

$$V = \varphi(a, b, c, \cdots)$$

あるいは

$$V - \varphi(a, b, c, \cdots) = 0$$

とせよ．

最初の文字だけは固定し，その他の文字を並べ替えて得られるすべての式を掛け合わせよ．次のような結果が得られるであろう．

$(V-\varphi(a,b,c,d,\cdots))(V-\varphi(a,c,b,d,\cdots))(V-\varphi(a,b,d,c,\cdots))\cdots$

この式は b, c, d, $\cdots$ についての対称式であり，その結果 a の式であらわすことができる．

したがって次の等式が得られる．

$$F(V, a) = 0$$

では，これによって a の値が求まることを示そう．そのた

めには，この等式と与えられた方程式の共通根を探せば十分である．

たとえば

$$F(V, b) = 0$$

とした場合，$\varphi(a, \cdots)$ と $\varphi(b, \cdots)$ が等しくなってしまう．これは仮定に反する．したがって共通根はただひとつということになる．

その結果，a は V の有理式であらわされるということになる．他の根についても同様だ．

この命題は，アーベルの楕円関数に関する遺稿の中で，証明なしで引用されている．

補題Ⅲは，第1論文でも重要な役割を果たす．

この定理はすでにラグランジュが証明しており，だからアーベルも証明なしで引用したのだろう．ガロアもわざわざ証明をする必要はなかったのだが，ラグランジュとは違う独自の証明を載せている．しかしガロアの記述はとても懇切丁寧と言えるようなものではなく，正直，あまりわかりやすいものではない．第1論文を審査したポアソンは，この証明は不十分だが，ラグランジュによれば正しい，という意見を付けて送り返してきたそうだ．

ラグランジュの証明は，a を V の有理式であらわす式，つまり

$$a = f(V)$$

という式を求める具体的なアルゴリズムを示している．実際，その手順を忠実に実行すれば，その式を求めることができる．しかし計

算はかなり複雑になる.

ガロアの証明がわかりにくいならば,そのかわりにラグランジュの証明をここで説明すればいいのではないか,とも思う.しかし,ラグランジュの,たとえば変分法などに接したことのある人にとってはこの証明など単純明快なものだと思えるだろうが,高校数学の延長として理解するのはちょっとしんどい.

補題Ⅲは現代代数学でも基本定理のひとつとして登場するので,代数学の教科書ならほとんど証明が載っている.しかしその証明は,ラグランジュのようなアルゴリズムをともなうものではなく,抽象的な存在定理となっている.ラグランジュの難しさとは違った意味で,高校数学の延長としてはやはり敷居が高い.

そういうわけで,補題Ⅲは補題Ⅱのように直感的に「あたりまえ」と感じられるような定理ではないが,まあそういうものだろう,とつぶやきながら,ついでにワインでも一杯やって,証明にこだわることなく次に向かうのがよいのではないか,とも思う.

しかしせっかくガロアがオリジナルの証明を記しているのである.できるだけわかりやすく再現してみよう.

この証明がわかりにくいのは,定数を変数に変えたり,多項式で注目すべき文字をとりかえたりしながら,それを明示しないため,その式がどのような状態であるかがイメージしにくくなっているからだと思われる.また,決まった量と,xの式の区別も明確ではない(ガロアの頭の中では明確だったのだろうが).その点を補完しながら説明していこう.

まず,補題ⅡにしたがってVを定める.つまり重根をもたないn次方程式

$$f(x) = 0$$

の根を $a, b, c, \cdots$ とし，$f(x)=0$ の係数体を K としよう．V を，K の元を係数とした $a, b, c, \cdots$ の 1 次式とする．ただし，$a, b, c, \cdots$ のあらゆる置換で V の値が異なるように係数を定める．

$f(x)=0$ の両辺を n 次の項の係数で割り，その係数が 1 になったとする．つまり，

$$x^n + s_1 x^{n-1} + s_2 x^{n-2} + s_3 x^{n-3} + \cdots = 0$$

このとき，次の関係が成り立っていることに注意しよう（根の基本対称式と係数の関係 → p.16）．

$$-s_1 = a+b+c+\cdots \qquad ①$$
$$s_2 = ab+ac+ad+\cdots \qquad ②$$
$$-s_3 = abc+abd+abe+\cdots \qquad ③$$
$$\cdots\cdots$$

ここで，

$$V = \varphi(a,b,c,\cdots)$$

とおき，ガロアにしたがって，次のような式 F を考える．当然のことながら，$a, b, c, \cdots$ は方程式の根なので，それぞれがある決まった数であり，それにある数をかけて足していったものが V なので，V もある決まった数である．

$$F = [V-\varphi(a,b,c,d,\cdots)][V-\varphi(a,c,b,d,\cdots)][V-\varphi(a,b,d,c,\cdots)]\cdots$$

1 ラグランジュからガロアへ　47

F には，$[V-\varphi(a,b,c,d,\cdots)]=0$ という因数が含まれているので，当然 $F=0$ となる．

また，F は，a を固定し，$b, c, d, \cdots$ についてあらゆる置換をほどこしたものを掛け合わせたものなので，$b, c, d, \cdots$ の対称式となる．したがって，$b, c, d, \cdots$ の基本対称式であらわすことができる．

ところが，式①より，

$$-s_1 = a+b+c+\cdots$$

$$b+c+d+\cdots = -s_1-a$$

→ $b, c, d, \cdots$ についての 1 次の基本対称式

つぎに，式②を変形してこれを代入する．

$$s_2 = ab+ac+ad+\cdots$$

$$s_2 = a(b+c+d+\cdots)+bc+bd+be+\cdots$$

$$s_2 = a(-s_1-a)+bc+bd+be+\cdots$$

$$\therefore bc+bd+be+\cdots = a^2+s_1a+s_2$$

→ $b, c, d, \cdots$ についての 2 次の基本対称式

さらに式③を変形してこれを代入する．

$$-s_3 = abc+abd+abe+\cdots$$

$$-s_3 = a(bc+bd+be+\cdots)+bcd+bce+bcf+\cdots$$

$$-s_3 = a(a^2+s_1a+s_2)+bcd+bce+bcf+\cdots$$

$$\therefore bcd+bce+bcf+\cdots = -a^3-s_1a^2-s_2a-s_3$$

→ $b, c, d, \cdots$ についての 3 次の基本対称式

……

このように，$b, c, d, \cdots$ の基本対称式は，K の元を係数とする a の多項式であらわすことができる（$s_1, s_2, s_3, \cdots$ は当然 K に含まれている）．

そこで，これらを F に代入すると，F は a の多項式となる．その係数は K の元と V の和，積だ．つまり $K(V)$ の元となる．a の多項式であることを強調して，F を $F(a)$ と表記しよう．

$$F(a) = A_0 a^p + A_1 a^{p-1} + A_2 a^{p-2} + \cdots, \quad A_0, A_1, A_2, \cdots \in K(V)$$

この a を x に変えて，x の多項式と考えよう．

$$F(x) = A_0 x^p + A_1 x^{p-1} + A_2 x^{p-2} + \cdots, \quad A_0, A_1, A_2, \cdots \in K(V)$$

$F(a)=F=0$ なので，a は方程式 $F(x)=0$ の根となる．

今度は次のような G を考えよう．

$$G = [V-\varphi(b,a,c,d,\cdots)][V-\varphi(b,c,a,d,\cdots)][V-\varphi(b,a,d,c,\cdots)]\cdots$$

F と同じようにしてつくった式だが，G は b を固定して，$a, c, d, \cdots$ にあらゆる置換をほどこしている．V も $a, b, c, \cdots$ も決まった数なので，G もある数になる．しかし V は，$a, b, c, \cdots$ のあらゆる置換で値が異なるようにつくられているので，G の中にある $\varphi(b,\cdots)$ はどれひとつとして V と等しくはない．したがって，

$$G \neq 0$$

である．

ここで先ほどと同じように G の右辺を展開すると，b の多項式となる．ところが，展開し，$a, c, d, \cdots$ の基本対称式に直して代入していくという作業は F の場合とまったく同じになるので，b の

係数は F の場合と同じになる．つまり，

$$G(b) = A_0 b^p + A_1 b^{p-1} + A_2 b^{p-2} + \cdots, \quad A_0, A_1, A_2, \cdots \in K(V)$$

この b を x ととりかえよう．

$$G(x) = A_0 x^p + A_1 x^{p-1} + A_2 x^{p-2} + \cdots, \quad A_0, A_1, A_2, \cdots \in K(V)$$

そうすると，これは $F(x)$ と同じになる．

$$F(x) = G(x)$$

したがって，これに b を代入したものは 0 ではない．

$$F(b) = G(b) \neq 0$$

$c, d, e, \cdots$ についても同様だ．つまり a は $F(x)=0$ の根だが，$b, c, d, \cdots$ はそうではない．

ここまで，かなりややこしいことをやってきたので，頭の中がごちゃごちゃになってしまったのではないだろうか．ここでちょっと一休みして，具体的な方程式を使って本当にそうなっているのかどうか実験をしてみよう．

方程式を

$$x^3 + 3x - 2 = 0$$

とする．また ω を1でない1の3乗根のひとつとする．候補はふたつあるが，どちらでも同じ結果になるので，以下 $\omega = \dfrac{-1+\sqrt{3}\,i}{2}$ としよう．

ω については，常に

$$\omega^3 = 1$$
$$\omega^2 + \omega + 1 = 0$$

となることを念頭に置く必要がある．

ではまず公式を使って 3 次方程式の根 a, b, c を求める．

$$a = \sqrt[3]{1+\sqrt{2}} + \sqrt[3]{1-\sqrt{2}}$$
$$b = \sqrt[3]{1+\sqrt{2}}\,\omega + \sqrt[3]{1-\sqrt{2}}\,\omega^2$$
$$c = \sqrt[3]{1+\sqrt{2}}\,\omega^2 + \sqrt[3]{1-\sqrt{2}}\,\omega$$

根号が見づらいので，

$$s = \sqrt[3]{1+\sqrt{2}}, \quad t = \sqrt[3]{1-\sqrt{2}}$$

としよう．そうすると a, b, c はこうなる．

$$a = s + t$$
$$b = \omega s + \omega^2 t$$
$$c = \omega^2 s + \omega t$$

このとき，

$$(st)^3 = \left(\sqrt[3]{1+\sqrt{2}}\right)^3 \left(\sqrt[3]{1-\sqrt{2}}\right)^3$$
$$= (1+\sqrt{2})(1-\sqrt{2}) = 1-2 = -1$$

st は実数なので，$st = -1$．

また，V を

1 ラグランジュからガロアへ

$$V = \varphi(a,b,c) = a+\omega b+\omega^2 c$$

と置く．ちょっと奇妙な式だが，これは序章で触れたラグランジュ分解式で，方程式を解くときに大活躍する．以下の計算も，ラグランジュ分解式を使うと，計算がかなり楽になる．

ではまずガロアにしたがって F の式をつくる．

$$F = [V-\varphi(a,b,c)][V-\varphi(a,c,b)]$$
$$= [V-(a+\omega b+\omega^2 c)][V-(a+\omega c+\omega^2 b)]$$

展開して a で整理する．$\omega^2+\omega+1=0$ なので ω が消えてしまう．

$$= a^2-(2V+b+c)a+V^2+(b+c)V+b^2-bc+c^2$$

ちゃんと b, c の対称式になっている．基本対称式に直しておこう．

$$= a^2-\{2V+(b+c)\}a+V^2+(b+c)V+(b+c)^2-3bc$$

ここで，もとの方程式に戻り，根と係数の関係を整理する．

$$a+b+c = 0 \quad \cdots\cdots ①$$
$$ab+bc+ca = 3 \quad \cdots\cdots ②$$
$$abc = 2$$

①より

$$b+c = -a$$

②に上の結果を代入して

$$a(b+c)+bc = 3$$
$$a(-a)+bc = 3$$
$$bc = a^2+3$$

この結果を F の式に代入して整理する.

$$F(a) = -3Va+V^2-9$$

したがって $F(x)$ は次のようになる.

$$F(x) = -3Vx+V^2-9$$

とりあえず $F(a)=0$ であることを確かめておこう.

$$
\begin{aligned}
V &= a+\omega b+\omega^2 c \\
  &= s+t+\omega(\omega s+\omega^2 t)+\omega^2(\omega^2 s+\omega t) \\
  &= s+t+\omega^2 s+\omega^3 t+\omega^4 s+\omega^3 t \\
  &= s+t+\omega^2 s+t+\omega s+t & \because \omega^3 = 1 \\
  &= (\omega^2+\omega+1)s+3t \\
  &= 3t & \because \omega^2+\omega+1 = 0
\end{aligned}
$$

V の式がこのように簡単な形になったのも, ラグランジュ分解式のおかげだ.

これと, $a=s+t$ を $F(a)$ の式に代入する.

$$
\begin{aligned}
F(a) &= -3(3t)(s+t)+(3t)^2-9 \\
     &= -9st-9t^2+9t^2-9 \\
     &= 0 & \because st = -1
\end{aligned}
$$

確かにそうなっている．
今度は G をつくってみよう．

$$\begin{aligned}
G &= [V-\varphi(b,a,c)][V-\varphi(b,c,a)] \\
&= [V-(b+\omega a+\omega^2 c)][V-(b+\omega c+\omega^2 a)] \\
&= b^2-(2V+a+c)b+V^2+(a+c)V+a^2-ac+c^2 \\
&= b^2-\{2V+(a+c)\}b+V^2+(a+c)V+(a+c)^2-3ac
\end{aligned}$$

$a+c=-b$, $ac=b^2+3$ を代入して整理する．

$$G(b) = -3Vb+V^2-9$$

b を x に変えると，確かに $F(x)$ と同じ式になる．

$$G(x) = -3Vx+V^2-9$$

では，$x=b=\omega s+\omega^2 t$, $V=3t$ を代入して，0 になるかどうか確かめてみよう．

$$\begin{aligned}
G(b) &= -3(3t)(\omega s+\omega^2 t)+(3t)^2-9 \\
&= -9\omega st-9\omega^2 t^2+9t^2-9 \\
&= 9(1-\omega^2)t^2-9+9\omega
\end{aligned}$$

これは 0 にはならない．

さて，これで実験を終了し，ガロアの証明に戻ろう．

$f(x)$ と $F(x)$ の関係を考える．

$f(x)$ の根は $a, b, c, \cdots$ だが，そのうち a だけが $F(x)$ の根だ．つまり $x-a$ が，$f(x)$ と $F(x)$ の最大公約式になっているのである．

補題Ⅰの説明の中で述べたとおり，最大公約式は「有理的」だ．

もっと詳しく述べると，$f(x)$ の係数は K の要素なので，当然 $K(V)$ の要素でもある．そして $F(x)$ の係数も $K(V)$ の要素である．$f(x)$ と $F(x)$ の最大公約式が $x-a$ であるということは，$K(V)$ の要素を係数とする多項式 $m(x)$，$n(x)$ が存在して

$$m(x)f(x)+n(x)F(x) = x-a$$

が成り立つということを意味している．この式の x に V を代入する．

$$m(V)f(V)+n(V)F(V) = V-a$$
$$\to \quad a = V-m(V)f(V)-n(V)F(V)$$

a が V の有理式であらわされた．したがって，

$$a \in K(V)$$

同様にして

$$b, c, d, \cdots \in K(V)$$

なので，b，c，d，$\cdots$ もまた V の有理式であらわされる．

先ほど実験をした $x^3+3x-2=0$ についても確かめておこう．$f(x)$ と $F(x)$ の関係を考える．

$$f(x) = x^3+3x-2$$
$$F(x) = -3Vx+V^2-9$$

この最大公約式が $x-a$ だというのだが，$F(x)$ が 1 次式なので，難しいことを考える必要はなく，$F(a)=0$ を解けばいいだけの話で

ある.

$$-3Va+V^2-9 = 0$$
$$a = \frac{V^2-9}{3V}$$

aがVの式であらわされている，つまり$a \in K(V)$なので，これで目的は達成されたわけだが，後述するように$K(V)$の元はすべてVの分数式ではなく多項式であらわされる．それも確認しておこう．

aの式をVの多項式にするためには，分母にあるVを何とかしなければならない．高校の数学でやる「分母の有理化」だ．p.59の方法を用いれば，分母がVについてのどのような多項式であっても有理化は可能となる．その道具となるのが，Vを根とするK上の既約多項式だ．つまりKの元を係数とする既約多項式である．

Kの元はすべてもととなった方程式の係数の加減乗除であらわされる．そして方程式の係数は，根の基本対称式だ．だから根の対称式はKの元となる．根であらわされたある式にあらゆる置換をほどこして掛け合わせたものは根の対称式となるので，K上の式となる．

だからVを根とするK上の多項式は，$x-V$に根のあらゆる置換をほどこしたものを掛け合わせれば求まる．

$$V = a+\omega b+\omega^2 c$$

だったので，求める多項式は次のようになる．

$$\{x-(a+\omega b+\omega^2 c)\}\{x-(a+\omega c+\omega^2 b)\}\{x-(b+\omega a+\omega^2 c)\}$$
$$\cdot\{x-(b+\omega c+\omega^2 a)\}\{x-(c+\omega a+\omega^2 b)\}\{x-(c+\omega b+\omega^2 a)\}$$

これを展開するととんでもないことになるが,これは K 上の式だということがわかっている.もとの方程式の係数はすべて有理数なので,係数体 K は有理数体 Q だ.つまり展開して整理すれば,a, b, c や ω は消え,係数はすべて有理数となるはずだ.それがわかっていれば,やる気も出てくる.

まず $\omega^2 + \omega + 1 = 0$ に注意.また a, b, c の対称式なので,

$$a + b + c = 0$$
$$ab + bc + ca = 3$$
$$abc = 2$$

これらを代入して整理すると次のようになる.

$$x^6 - 54x^3 - 729$$

この式を因数分解し,V を根とする最小次数の既約多項式を求める.最高次の係数が 1 でないときは,全体をその係数で割って 1 にしておく.その多項式を,体 K 上の V の**最小多項式**と言う.この場合,$x^6 - 54x^3 - 729$ が K 上で既約なので,これが最小多項式となる.

p.59 では「分母の有理化」の一般的な方法を示したが,この場合分母が V だけなので,難しいことを考える必要はなく,次のようにやればよい.

$$V^6 - 54V^3 - 729 = 0 \ \rightarrow \ V(V^5 - 54V^2) = 729$$
$$\rightarrow \ \frac{1}{V} = \frac{V^5 - 54V^2}{729}$$

これを a の式に代入する.

$$a = \frac{V^2-9}{3V} = \frac{V^2-9}{3} \times \frac{V^5-54V^2}{729} = \frac{V^7-9V^5-54V^4+486V^2}{2187}$$

$V^6-54V^3-729=0$ を利用して分子の次数を下げる.

$$= \frac{-9V^5+486V^2+729V}{2187} = \frac{-V^5+54V^2+81V}{243}$$

これでめでたく a を V の多項式であらわすことができた. $V=3t$ を代入して,本当に a になるか確かめてみよう.

$$\frac{-(3t)^5+54(3t)^2+81(3t)}{243}$$
$$= \frac{-243t^5+486t^2+243t}{243} = -t^5+2t^2+t$$
$$= -(1-\sqrt{2})t^2+2t^2+t \qquad \because t^3 = 1-\sqrt{2}$$
$$= (1+\sqrt{2})t^2+t$$
$$= s^3 t^2+t \qquad\qquad\qquad \because s^3 = 1+\sqrt{2}$$
$$= (s^2 t^2)s+t$$
$$= s+t \qquad\qquad\qquad\qquad \because st = -1$$
$$= a$$

補題Ⅰは,「既約な方程式は,有理的な方程式を割り切るときを除けば,共通根をもつことはない」と述べている. $f(x)=0$ が $F(x)=0$ と a という共通根をもつならば, $F(x)$ が $f(x)$ で割り切れるはずであり, $a, b, c, \cdots$ がすべて共通根になるのではないか,と思った人もいるかもしれない.

しかしこれは誤解だ. $f(x)=0$ が既約であるとしても,それは体 K 上での話であり,体 $K(V)$ 上では既約ではない.したがって補題Ⅰを適用することはできない.

補題IIIは，$a, b, c, \cdots$ がすべて $K(V)$ の要素であると言っている．つまり $f(x)$ は，K 上では既約であったとしても，$K(V)$ 上では1次因数にまで因数分解されるのである．

補題IIIは，現代では単拡大定理と呼ばれている．正確に言うと，単拡大定理は補題IIIよりももっと強い主張をしている．単拡大定理は，方程式だとか補題IIだとかはすっとばして，あっさりと次のように述べているのだ．

単拡大定理

体 K に，K の要素を係数とする方程式の根 $a, b, c, \cdots$ を添加したとき，ある量 V が存在して，次のようになる．

$$K(a, b, c, \cdots) = K(V)$$

つまり K にいろいろな数を添加しても，それらの数をたったひとつの数で代表させることができるというわけだ．

はじめてこの定理に接したときは，まさかそんなことが成り立つはずが！とかなり驚いてしまった．たとえば $Q(\sqrt{2}, \sqrt{3}, \sqrt{5}, \sqrt{7}, \sqrt{11}, \cdots)$ というように拡大した体が，たったひとつの数の添加，$Q(\theta)$ と等しいというのだから，驚くべきことだ．実際，この単拡大定理は，体について考えるときの，非常に強力な武器となる．

ただし，単拡大定理が成り立つためには，添加する数が「もとになる体の元を係数とする方程式の根」でなければならないという制限がある．

「有理数体 Q の元を係数とする方程式の根」を「代数的な数」と言うが，有理数体 Q 上で単拡大定理が成り立つためには，添加す

る数が代数的な数である必要があるのだ.

有理数体 Q の元を係数とする方程式の根にはならない実数を「超越数」と言う.超越数は代数的な数よりもたくさんある（濃度が濃い）ことはわかっているのだが,超越数の正体についてはまだあまりわかっていない.有名なところでは,π や e などが超越数の例だ.

拡大体を考えるとき,正気のうちは普通,超越数を相手にしたりはしない.

体 K の拡大体 $K(V)$ について補足しておこう.

V の最小多項式を $g(x)$ とし,その次数を n とする.V は $g(x)=0$ の根なので,当然

$$g(V) = 0$$

$K(V)$ の任意の元 α は,K の元と V との加減乗除によってつくられるので,V について整理すれば,V の分数式となる.α が次のようにあらわされたとしよう.

$$\alpha = \frac{q(V)}{p(V)}, \quad p(V) \neq 0$$

まず $p(V)$ の次数が n 以上の場合は,$g(V)=0$ を利用して次数を下げる.それを $r(V)$ としよう.

$$\alpha = \frac{q(V)}{r(V)}$$

$r(x)$ の次数は n よりも小さいので,補題 I により,$r(x)$ と $g(x)$ は共通根をもたない（共通根をもてば,既約である $g(x)$ が $r(x)$ を割り切ることになるが,$r(x)$ の次数が $g(x)$ の次数より小さいの

で，これは不可能)．つまり互いに素である．したがって，$K(V)$ 上の多項式 $m(x)$, $n(x)$ が存在して，次の式が成り立つ．

$$m(x)r(x)+n(x)g(x) = 1 \quad \text{(p.38 参照)}$$

この x に V を代入すると，$g(V)=0$ なので

$$m(V)r(V)+n(V)g(V) = 1$$
$$m(V)r(V)+n(V)\times 0 = 1$$
$$m(V)r(V) = 1$$
$$m(V) = \frac{1}{r(V)}$$

これを α に代入すると

$$\alpha = \frac{q(V)}{r(V)} = q(V)m(V)$$

ここで，$q(V)m(V)$ の次数が n 以上の場合は，先ほどと同じように $g(x)=0$ を利用して次数を下げておく．

したがって，$K(V)$ の任意の元は，V の分数式ではなく，$n-1$ 次以下の V の多項式であらわすことができるのである．

この結果を補題Ⅲに適用すれば，「与えられた方程式のすべての根は，V の多項式(有理式ではなく)であらわすことができる」と修正できる．

補題Ⅳ

V についての方程式があったとしよう．その方程式を可能な限り因数分解し，その既約な因数のうち，V を根とするものを選ぶ．その既約方程式の根を V, V', V'', … としよう．

$a=f(V)$ が与えられた方程式の根のひとつであるならば，$f(V')$ もまた与えられた方程式の根のひとつである．

実際，$V-\varphi(a,b,c,\cdots)$ にすべての根の置き換えをほどこしたものを互いに掛け合わせると，V についての有理的な方程式が得られる．これは V についての既約な方程式で割り切れるはずだ．したがって V' は V で $a, b, c, \cdots$ の置き換えをしたものとなる．

$F(V,a)=0$ で，V についてすべての文字の並べ替えをした方程式について考えよう．

すると，$F(V',b)=0$ という方程式を得る．b は a と等しい可能性もあるが，間違いなく与えられた方程式の根のひとつである．その結果，与えられた方程式と $F(V,a)=0$ から $a=f(V)$ が導かれたのと同様にして，与えられた方程式と $F(V',b)=0$ から $b=f(V')$ が出てくる．

補題Ⅳは，補題Ⅲの結果と補題Ⅰを使えばすぐに証明できることなのだが，ここでもガロアは補題Ⅲと同じような，わかりにくい証明を記している．

まずは補題Ⅰを使った証明を述べよう．これを読めば，補題Ⅳの結果が至極当然と思えてくるはずだ．

［補題Ⅰによる証明］

もとの方程式 $f(x)=0$ に，$a=\theta(V)$ を代入する．当然

$$f(\theta(V)) = 0$$

となる．この式の左辺は，K の元を係数とする V の多項式だ．

この V を変数 x に変えた式 $f(\theta(x))$ と,V の最小多項式 $g(x)$ を比べてみよう. x に V を代入すると,ふたつの式は当然 0 となる.

$$f(\theta(V)) = g(V) = 0$$

したがってふたつの式は根 V を共有する. $g(x)$ は既約多項式なので,補題 I より,$f(\theta(x))$ は $g(x)$ で割り切れる. つまり $g(x)=0$ の根はすべて $f(\theta(x))=0$ の根となる. したがって,

$$f(\theta(V)) = f(\theta(V_1)) = f(\theta(V_2)) = \cdots = 0$$

ゆえに,$\theta(V), \theta(V_1), \theta(V_2), \cdots$ は $f(x)$ の根となる. ■

[ガロアの証明]

① ガロアはまず,$V=\varphi(a,b,c,\cdots)$ の共役 $V_1, V_2, V_3, \cdots$ が,$\varphi(a,b,c,\cdots)$ に置換をほどこしたものに等しいことを示している.

$V-\varphi(a,b,c,\cdots)$ ですべての置換をほどこし,それらを掛け合わせたものを G とする.

$$G = [V-\varphi(a,b,c,\cdots)][V-\varphi(b,a,c,\cdots)]\cdots$$

これは V についての多項式だ. この V を x に変えたものを $G(x)$ とする. この $G(x)$ と,V の最小多項式 $g(x)$ とを比較する.

$$G(V) = g(V) = 0$$

$G(x)$ と $g(x)$ は 1 根 V を共有するので,補題 I により,$G(x)$ は $g(x)$ で割り切れる. したがって,

$$G(V) = G(V_1) = G(V_2) = \cdots = 0$$

となるので，V の共役 V_1, V_2, V_3, $\cdots$ は $\varphi(a,b,c,\cdots)$ に置換をほどこしたもののどれかと等しくなる．

② $a=\theta(V)$ のとき，$\theta(V_1)$, $\theta(V_2)$, $\theta(V_3)$, $\cdots$ ももとの方程式の根であることを示す．

補題Ⅲでは，$V-\varphi(a,b,c,\cdots)=0$ で a を固定して置換したすべてを掛け合わせて F をつくった．

$$F = [V-\varphi(a,b,c,d,\cdots)][V-\varphi(a,c,b,d,\cdots)]$$
$$\cdot [V-\varphi(a,b,d,c,\cdots)]\cdots = 0$$
$$F(V,a) = 0$$

そして，もとの方程式 $g(x)$ と比べることによって，$a=\theta(V)$ を導いた．

今度は，$\varphi(b,a,c,\cdots)$ を V_1 として，$V_1-\varphi(b,a,c,d,\cdots)=0$ の b を固定して置換したすべてを掛け合わせて F_1 をつくる．

$$F_1 = [V_1-\varphi(b,a,c,d,\cdots)][V_1-\varphi(b,c,a,d,\cdots)]$$
$$\cdot [V_1-\varphi(b,a,d,c,\cdots)]\cdots$$

そしてまったく同じように計算していくと，

$$b = \theta(V_1)$$

が出てくる．■

やはりガロアの証明より，補題Ⅰを使った証明の方がストレートで，すっきりしている．

「諸原理」はここで終わる．ガロアはこの「諸原理」で非常に重要なことを述べているので，整理しておこう．

既約方程式 $f(x)=0$ の根を $a, b, c, \cdots$ とする．$f(x)=0$ は，係数体 K 上では既約だが，K に $a, b, c, \cdots$ を添加した体 $K(a,b,c,\cdots)$ では可約で，1次式にまで因数分解される．

この $K(a,b,c,\cdots)$ を*ガロア分解体*という．

体 K の元を係数とする $a, b, c, \cdots$ の1次式で，すべての根の置換で値が異なる式 V を考える．すると補題IIIにより，

$$K(V) = K(a,b,c,\cdots)$$

となる．つまり，次のように，$a, b, c, \cdots$ は V の多項式であらわされる．

$$a = \theta(V), \ b = \theta_1(V), \ c = \theta_2(V), \ \cdots$$

V の，K 上の最小多項式を $g(x)$ とする．

$g(x)=0$ も $f(x)=0$ も K 上で既約であり，ガロア分解体 $K(a,b,c,\cdots)=K(V)$ 上で1次式にまで因数分解される．だから，どちらかが解ければ，もう一方も解ける．

$g(x)=0$ の根を $V, V_1, V_2, \cdots$ とする．$a=\theta(V)$ とすると，補題IVにより，$\theta(V), \theta(V_1), \theta(V_2), \cdots$ もすべて $f(x)=0$ の根となる．

$a, b, c, \cdots$ が V の多項式であらわされるのと同じように，$V_1, V_2, V_3, \cdots$ の多項式であらわされるのである．

また $V_1=\varphi(a,b,c,\cdots)$ に

$$a = \theta(V), \ b = \theta_1(V), \ c = \theta_2(V), \ \cdots$$

を代入すると，

$$V_1 = \varphi(\theta(V),\ \theta_1(V),\ \theta_2(V),\ \cdots)$$

つまり V_1 が V の多項式であらわされる．これを $V_1 = \overset{\text{ラムダ}}{\lambda}_1(V)$ とあらわそう．すると，他の共役根も同様にあらわすことができる．

$$V_1 = \lambda_1(V),\ V_2 = \lambda_2(V),\ V_3 = \lambda_3(V),\ \cdots$$

これは次のことを意味している．

$$K(a,b,c,\cdots) = K(V) = K(V_1) = K(V_2) = \cdots$$

つまり，$g(x)=0$ の任意の根 $V, V_1, V_2, \cdots$ が，任意の根の多項式であらわされる，ということだ．これは，方程式 $g(x)=0$ の独特な性質だ．

この独特な性質をもつ方程式 $g(x)=0$ の左辺 $g(x)$ を**ガロア分解式**と呼んでいる（$g(x)$ の最高次の係数が 1 になるようにしておく）．そして $g(x)=0$ は**ガロア分解方程式**，あるいは簡単に**ガロア方程式**と呼ぶ．

繰り返しになるが，もとの方程式 $f(x)=0$ とガロア方程式 $g(x)=0$ はともに体 K 上で既約，ガロア分解体 $K(V)$ 上で 1 次式にまで因数分解される．つまり，ガロア方程式 $g(x)=0$ が解ければ，方程式 $f(x)=0$ も解ける．

ガロアは，このガロア方程式を主役に立て，方程式を分析していくのである．

$V=\varphi(a,b,c,\cdots)$ で，$a,\ b,\ c,\ \cdots$ のあらゆる置換をほどこすと V の値は異なる．したがって $f(x)=0$ が n 次方程式の場合，V は $n!$ 個の値をとることになる．それらの値を $V, V_1, V_2, V_3, \cdots$ としよう．$g(x)$ を求めるには，まず次のような多項式を考える．

$$(x-V)(x-V_1)(x-V_2)\cdots$$

この式の中の, V を含む既約成分が $g(x)$ だ.

もとの方程式 $f(x)=0$ が一般の方程式ならば, その根 $a, b, c, \cdots$ の間に特別の関係はない. すると上の式全体が既約となり, 上の式が $g(x)$ となる.

一般の方程式でないならば, $a, b, c, \cdots$ の間に特別の関係があり, $V, V_1, V_2, \cdots$ の対称式でないのに K の元になるような場合がある. その場合は, 上の式が可約になる可能性があるので, V を含む既約成分が $g(x)$ となる. この場合 $g(x)$ の次数は $n!$ よりも小さくなる. そのような実例をあとで示そう (p.70).

一般の方程式の場合を考えよう. 2次方程式の場合, ガロア方程式は $2!=2\times1=2$ で 2 次, 3 次方程式の場合は $3!=3\times2\times1=6$ で 6 次だ. ところが 4 次方程式の場合は $4!=4\times3\times2\times1=24$ 次, 5 次方程式の場合はなんと $5!=5\times4\times3\times2\times1=120$ で, 120 次になってしまう.

ガロア方程式が 2 次や 6 次程度なら, 手計算でもなんとかなるが, 24 次となると二の足を踏み, 120 次となると手が出なくなるのが人情だろう. ラグランジュやルフィニは, ガロア方程式そのものを分析したわけではないが, この 120 次方程式の周辺をさまよい, 計算の泥沼にはまりこんでしまったのである. そしてガロアは, 計算の上を飛ぶことによって, 見事にこの問題を解決した, というわけだ.

では,「諸原理」の内容についての実例をいくつか挙げることにしよう. しかし次数が上がると,「!」記号の通りびっくり仰天してしまうほど複雑になってしまうので, 実例は 2 次方程式と 3 次

方程式の場合だけで,勘弁してもらいたい.

またこの実例は,第Ⅰ節,ガロア群の構成のところでも登場する.

[実例1] $x^2+2x+3=0$

係数体は有理数体 Q だ.この2根を a, b とすると,

$$a = -1+\sqrt{2}\,i, \quad b = -1-\sqrt{2}\,i$$

となる.$V=a+2b$ とすると,

$$V = -1+\sqrt{2}\,i+2(-1-\sqrt{2}\,i) = -3-\sqrt{2}\,i$$

a, b を入れ替えて,

$$V_1 = -1-\sqrt{2}\,i+2(-1+\sqrt{2}\,i) = -3+\sqrt{2}\,i$$

$g(x)$ を求めてみよう.

$$(x-V)(x-V_1) = x^2+6x+11$$

これは Q 上既約なので,これがガロア分解式となる.
a, b と V の関係は,

$$a = \theta(V) = -V-4 = -(-3-\sqrt{2}\,i)-4 = -1+\sqrt{2}\,i$$
$$b = \theta_1(V) = V+2 = (-3-\sqrt{2}\,i)+2 = -1-\sqrt{2}\,i$$

また,これに V_1 を代入すると

$$\theta(V_1) = -(-3+\sqrt{2}\,i)-4 = -1-\sqrt{2}\,i = b$$
$$\theta_1(V_1) = (-3+\sqrt{2}\,i)+2 = -1+\sqrt{2}\,i = a$$

V と V_1 の関係は

$$V_1 = b+2a = V+2+2(-V-4) = -V-6 = \lambda(V)$$

と確かにガロアの言うとおりになっている．

［実例 2］ $x^3+6x-2=0$

まず公式を使って根 a, b, c を求める．ω は 1 でない 1 の 3 乗根．

$$a = \sqrt[3]{4}-\sqrt[3]{2}$$
$$b = \sqrt[3]{4}\omega-\sqrt[3]{2}\omega^2$$
$$c = \sqrt[3]{4}\omega^2-\sqrt[3]{2}\omega$$

根号が見づらいので $\sqrt[3]{2}=s$ としよう．すると $\sqrt[3]{4}=s^2$ となる．

$$a = s^2-s$$
$$b = \omega s^2-\omega^2 s$$
$$c = \omega^2 s^2-\omega s$$

V は，a, b, c のあらゆる置換で異なる値をとればいいので，たとえば

$$V = a+2b+3c$$

としてもいいが，ここは次の式で我慢してもらいたい．

$$V = a+\omega b+\omega^2 c$$

前にも出てきたラグランジュ分解式だ．

a, b, c の置換をガロア流に書こう．

$a\ b\ c$　……置換①

$a\ c\ b$　……置換②

$$b \ a \ c \quad \cdots\cdots 置換③$$
$$b \ c \ a \quad \cdots\cdots 置換④$$
$$c \ a \ b \quad \cdots\cdots 置換⑤$$
$$c \ b \ a \quad \cdots\cdots 置換⑥$$

V に①〜⑥の置換をほどこす.

$$置換① \to V = a+\omega b+\omega^2 c = -3s$$
$$置換② \to V_1 = a+\omega c+\omega^2 b = 3s^2$$
$$置換③ \to V_2 = b+\omega a+\omega^2 c = 3\omega s^2$$
$$置換④ \to V_3 = b+\omega c+\omega^2 a = -3\omega^2 s$$
$$置換⑤ \to V_4 = c+\omega a+\omega^2 b = -3\omega s$$
$$置換⑥ \to V_5 = c+\omega b+\omega^2 a = 3\omega^2 s^2$$

V の共役たちがわりと簡単な形になっているのも,ラグランジュの分解式のおかげなのである.

では,ガロア方程式を求めてみよう.

$$(x-V)(x-V_1)(x-V_2)(x-V_3)(x-V_4)(x-V_5)$$
$$= (x+3s)(x-3s^2)(x-3\omega s^2)(x+3\omega^2 s)(x+3\omega s)(x-3\omega^2 s^2)$$

これを展開すると少々複雑な式になるが,$\omega^2+\omega+1=0$ によって気持ちがいいほど項が消えていく.$s^3=2$ を代入すると次のようになる.

$$= x^6-54x^3-5832$$

これが既約ならガロア方程式なのだが,残念ながら因数分解が可能だ.

$$= (x^3+54)(x^3-108)$$

V が含まれている方は,x^3+54 なので,これがガロア分解式となる.つまり,

$$(x-V)(x-V_4)(x-V_5) = x^3+54$$

最後に,a が V の多項式であらわされることを確かめておこう.

$$a = \theta(V) = \frac{1}{9}V^2 + \frac{1}{3}V = \frac{1}{9}(-3\sqrt[3]{2})^2 + \frac{1}{3}(-3\sqrt[3]{2}) = \sqrt[3]{4} - \sqrt[3]{2}$$

と,確かにそうなっている.さらに,

$$\theta(V_4) = \frac{1}{9}V_4{}^2 + \frac{1}{3}V_4 = \frac{1}{9}(-3\sqrt[3]{2}\omega)^2 + \frac{1}{3}(-3\sqrt[3]{2}\omega^2)$$
$$= \sqrt[3]{4}\omega - \sqrt[3]{2}\omega^2 = b$$
$$\theta(V_5) = \frac{1}{9}V_5{}^2 + \frac{1}{3}V_5 = \frac{1}{9}(-3\sqrt[3]{2}\omega)^2 + \frac{1}{3}(-3\sqrt[3]{2}\omega)$$
$$= \sqrt[3]{4}\omega^2 - \sqrt[3]{2}\omega = c$$

となり,これは補題Ⅳの結果だ.

[実例3] $x^3+3x-2=0$

補題Ⅲのとき,実験に使った3次方程式についても同じ分析をしてみよう.

$$x^3+3x-2 = 0$$

の3根は

$$a = s+t$$
$$b = \omega s+\omega^2 t$$
$$c = \omega^2 s+\omega t$$

ただし,$s=\sqrt[3]{1+\sqrt{2}}$,$t=\sqrt[3]{1-\sqrt{2}}$.

Vを,やはりラグランジュの分解式としよう.

$$V = a+\omega b+\omega^2 c = 3t$$

実例2で使った置換をそのまま使うと,Vの共役は次のようになる.

$$置換① \to V = 3t$$
$$置換② \to V_1 = 3s$$
$$置換③ \to V_2 = 3\omega s$$
$$置換④ \to V_3 = 3\omega^2 t$$
$$置換⑤ \to V_4 = 3\omega t$$
$$置換⑥ \to V_5 = 3\omega^2 s$$

Vの共役たちがこのように比較的簡単な形になったのも,実例2の場合と同じく,ラグランジュの分解式のおかげだ.では,Vの最小多項式——ガロア方程式を求めてみよう.

$$(x-V)(x-V_1)(x-V_2)(x-V_3)(x-V_4)(x-V_5) = x^6-54x^3-729$$

これはこれ以上因数分解できない.したがってこれがガロア分解式となる.

aをVの式であらわしてみよう.

$$a = \theta(V) = \frac{-V^5 + 54V^2 + 81V}{243}$$

同様にして,補題Ⅳを確かめてみる.

$$\theta(V_1) = a, \quad \theta(V_2) = b, \quad \theta(V_3) = b, \quad \theta(V_4) = c, \quad \theta(V_5) = c$$

コラム 1　ガロアとリシャール(1795-1849)

ルイ・ルグラン王立中学で落第したガロアは数学に出会い,夢中になる.当時中等教育で数学は必修になっていなかったので,落第してはじめて数学に接したのだ.しかしそのときの数学の先生はガロアをもてあましていたらしい.翌 1828 年に数学特別クラスに進学するが,そこでガロアはリシャール先生に出会う.

1795 年生まれのリシャールは,1822 年にルイ・ルグランの数学特別クラスを任され,終生このポストを離れなかった.ガロア以後,有名なところではセレ(1819-1855)やエルミート(1822-1901,楕円関数を用いて 5 次方程式の解の公式を導いた)もリシャールの教え子だ.ふたりともガロアとは異なり,無事エコール・ポリテクニクに進学している.

リシャールはガロアの才能を理解し,ふたりで数学について議論を重ねた.前の先生が出した課題を無視していたガロアも,リシャールの出す課題にはきちんとこたえた.ガロアにとって,数学について心置きなく議論することができた唯一の人物であったかもしれない.

1829 年,ガロアの初めての論文「循環連分数に関する一定理の証明」が「純粋および応用数学年報」に発表されるが,それもリシャールの口添えがあったおかげだと思われる.ルイ・ルグランの生徒が専門の数学雑誌に論文を発表するというのは当時としても極めて異例のことだった.

本書のテーマである第1論文についても，リシャールはかなり深く理解していたのではないかと思われる．当時の第一級の数学者でも理解するのが難しかったと言われているが，リシャールも数学的な素養という意味では人後に落ちぬものを有しており，さらにガロア自身と議論を交わすことができるというこれ以上は望めぬ立場にいたからである．リシャールはみずからコーシーを訪ね，この第1論文を託した．

　また，エコール・ポリテクニクの入試に失敗して行き場を失っていたガロアがエコール・プレパラトワールに入学できるようにするため，八方手を尽くした．数学以外の成績が最悪であったガロアが同校に入学するためには，特別な配慮が必要だったのだ．

　しかしリシャールとの蜜月も長くは続かなかった．フランス科学アカデミーに論文を拒否され，政治的に過激な行動をとるようになったガロアを，リシャールはただはらはらしながら見守ることしかできなかったようだ．

2 ガロア群をつくる
第Ⅰ節はガロアにしてはわかりやすい説明で具体的に書かれていた

ここでガロアは，いわゆる「ガロア群」のつくり方を説明している．

この節のガロアの解説はわかりやすい．あまり苦労することなく，ガロア群の構成が頭に入ってくることと思う．

第Ⅰ節

定理

m 個の根 $a, b, c, \cdots$ をもつ方程式が与えられたとしよう．このとき，次の性質を満たす文字 $a, b, c, \cdots$ の順列の群が必ず存在する．

(1) この群の置換によって不変な根の有理式はすべて，有理的に既知である．

(2) 逆に，有理的に決定しうる根の有理式はすべて，これらの置換で不変である．

(代数方程式の場合，この群は m 個の文字についての $1\cdot 2\cdot 3\cdot\cdots\cdot m$ 個の可能な順列に他ならない．なぜならこの場合，対称式だけが有理的に決定されるからである)

(方程式

$$\frac{x^n-1}{x-1}=0$$

の場合,g を原始根として,

$$a=r, \quad b=r^g, \quad c=r^{g^2}, \quad \cdots$$

とすれば,群は簡単に次のようになる.

$$\begin{array}{cccccc} a & b & c & d & \cdots & k \\ b & c & d & \cdots & k & a \\ c & d & \cdots & k & a & b \\ & & \cdots\cdots & & & \\ k & a & b & c & \cdots & i \end{array}$$

この特別な場合では,順列の個数は方程式の次数に等しい.そして同じことは,すべての根が互いに他の根の有理式であらわされる方程式の場合に成り立つ)

ガロアがガロア群の性質を2点にまとめている.ガロアの言う「有理的に既知」「有理的に決定しうる」は,体という単語を使うと「その体の元」を意味する,ということは「諸原理」で述べた.この場合,問題となっているのは,方程式の係数体 K である.

体という単語を使って,ガロア群の性質を言い換えてみよう.

定理 A:ガロア群の性質

(1) ガロア群の置換で不変 → 体 K の元
(2) 体 K の元 → ガロア群の置換で不変

明快そのものだ.

ガロアはつぎに，一般の代数方程式の場合と，1 の累乗根を求める方程式の場合について述べているが，これについてはあとで触れることにしよう．

> 証明
>
> どのような方程式が与えられたとしても，次の性質をもつ根の有理式 V を見つけることができる．つまり，方程式のすべての根を V の有理式であらわすことができる．
>
> V をこのように定め，V を根とする既約方程式を考えよう（補題IIIとIV）．$V, V', V'', \ldots, V^{(n-1)}$ をこの方程式の根とする．
>
> さらに
>
> $$\varphi V, \quad \varphi_1 V, \quad \varphi_2 V, \quad \ldots, \quad \varphi_{m-1} V$$
>
> を与えられた方程式の根とする．
>
> 次のような根の n 個の順列を考えよう．
>
> | | | | | |
> |---|---|---|---|---|
> | V | $\varphi V,$ | $\varphi_1 V,$ | $\ldots,$ | $\varphi_{m-1} V,$ |
> | V' | $\varphi V',$ | $\varphi_1 V',$ | $\ldots,$ | $\varphi_{m-1} V',$ |
> | V'' | $\varphi V'',$ | $\varphi_1 V'',$ | $\ldots,$ | $\varphi_{m-1} V'',$ |
> | $\ldots$ | | $\ldots\ldots\ldots\ldots$ | | |
> | $V^{(n-1)}$ | $\varphi V^{(n-1)},$ | $\varphi_1 V^{(n-1)},$ | $\ldots,$ | $\varphi_{m-1} V^{(n-1)}$ |
>
> を書くと，順列のこの群が定理に述べられている性質を満足することがいえる．

「証明」とあるが，この部分はガロア群のつくり方の説明で，証明はこのあとの「実際，」以下である．

まずは,「諸原理」の最後にあげた実例の方程式について, ガロア群をつくってみよう.

第1章の実例から

[実例 1] $x^2+2x+3=0$

2根を a, b とすると,

$$a = -1+\sqrt{2}\,i$$
$$b = -1-\sqrt{2}\,i$$

また,

$$V = a+2b$$

とすると,

$$V = -1+\sqrt{2}\,i+2(-1-\sqrt{2}\,i) = -3-\sqrt{2}\,i$$
$$V_1 = -1-\sqrt{2}\,i+2(-1+\sqrt{2}\,i) = -3+\sqrt{2}\,i$$

さらに,

$$a = \theta(V) = -V-4 \text{ なので, } \theta(V_1) = b$$
$$b = \theta_1(V) = V+2 \text{ なので, } \theta_1(V_1) = a$$

ガロアのやり方でガロア群を書こう.

$$\begin{array}{c|cc} V & \theta(V) = a & \theta_1(V) = b \\ V_1 & \theta(V_1) = b & \theta_1(V_1) = a \end{array}$$

つまりこれは, 次の置換を含む群だ.

$$\begin{pmatrix} 1 & 2 \\ 1 & 2 \end{pmatrix}, \quad \begin{pmatrix} 1 & 2 \\ 2 & 1 \end{pmatrix}$$

もともと要素がふたつしかないので,これ以外の置換はありえない.

[実例2] $x^3+6x-2=0$

3つの根は次の通りだ.前と同じように,$s=\sqrt[3]{2}$ とする.

$$a = s^2-s, \quad b = \omega s^2-\omega^2 s, \quad c = \omega^2 s^2-\omega s$$

やはりラグランジュ分解式によって V をきめよう.

$$V = a+\omega b+\omega^2 c$$

V の共役は,V_4 と V_5 だけだった.これをあらためて V_1, V_2 としよう.

$$V = a+\omega b+\omega^2 c = -3s$$
$$V_1 = b+\omega c+\omega^2 a = -3\omega^2 s$$
$$V_2 = c+\omega a+\omega^2 b = -3\omega s$$

a を V であらわす式をもとめ,ついでにそれに V_1, V_2 を代入する.

$$\theta(V) = \frac{V^2}{9}+\frac{V}{3} = \frac{(-3s)^2}{9}+\frac{-3s}{3} = s^2-s = a$$
$$\theta(V_1) = \frac{V_1^2}{9}+\frac{V_1}{3} = \frac{(-3\omega^2 s)^2}{9}+\frac{-3\omega^2 s}{3} = \omega s^2-\omega^2 s = b$$
$$\theta(V_2) = \frac{V_2^2}{9}+\frac{V_2}{3} = \frac{(-3\omega s)^2}{9}+\frac{-3\omega s}{3} = \omega^2 s^2-\omega s = c$$

同様にして b を V であらわす式は

$$\theta_1(V) = \frac{\omega V^2}{9} + \frac{\omega^2 V}{3} = \frac{\omega(-3s)^2}{9} + \frac{\omega^2(-3s)}{3} = \omega s^2 - \omega^2 s = b$$

$$\theta_1(V_1) = \frac{\omega V_1^2}{9} + \frac{\omega^2 V_1}{3} = \frac{\omega(-3\omega^2 s)^2}{9} + \frac{\omega^2(-3\omega^2 s)}{3}$$
$$= \omega^2 s^2 - \omega s = c$$

$$\theta_1(V_2) = \frac{\omega V_2^2}{9} + \frac{\omega^2 V_2}{3} = \frac{\omega(-3\omega s)^2}{9} + \frac{\omega^2(-3\omega s)}{3} = s^2 - s = a$$

c を V であらわす式は,結果だけ記そう.

$$\theta_2(V) = c, \quad \theta_2(V_1) = a, \quad \theta_2(V_2) = b$$

ガロア群は次のようになる.

$$\begin{array}{c|ccc} V & \theta(V) = a & \theta_1(V) = b & \theta_2(V) = c \\ V_1 & \theta(V_1) = b & \theta_1(V_1) = c & \theta_2(V_1) = a \\ V_2 & \theta(V_2) = c & \theta_1(V_2) = a & \theta_2(V_2) = b \end{array}$$

これは次のような3つの元による群だ.

$$\begin{pmatrix} 1 & 2 & 3 \\ 1 & 2 & 3 \end{pmatrix}, \quad \begin{pmatrix} 1 & 2 & 3 \\ 2 & 3 & 1 \end{pmatrix}, \quad \begin{pmatrix} 1 & 2 & 3 \\ 3 & 1 & 2 \end{pmatrix}$$

3次対称群の元は 3!=6 個なので,この群の元はその半分ということになる.

[実例3] $x^3 + 3x - 2 = 0$

3根を次のようにあらわそう.

$$a = s + t$$

$$b = \omega s + \omega^2 t$$
$$c = \omega^2 s + \omega t$$

ただし，$s = \sqrt[3]{1+\sqrt{2}}$, $t = \sqrt[3]{1-\sqrt{2}}$.

V の共役は次のようになる．

$V = 3t$, $V_1 = 3s$, $V_2 = 3\omega s$, $V_3 = 3\omega^2 t$, $V_4 = 3\omega t$, $V_5 = 3\omega^2 s$

ガロア群を書こう．

$$
\begin{array}{c|ccc}
V & \theta(V) = a & \theta_1(V) = b & \theta_2(V) = c \\
V_1 & \theta(V_1) = a & \theta_1(V_1) = c & \theta_2(V_1) = b \\
V_2 & \theta(V_2) = b & \theta_1(V_2) = a & \theta_2(V_2) = c \\
V_3 & \theta(V_3) = b & \theta_1(V_3) = c & \theta_2(V_3) = a \\
V_4 & \theta(V_4) = c & \theta_1(V_4) = a & \theta_2(V_4) = b \\
V_5 & \theta(V_5) = c & \theta_1(V_5) = b & \theta_2(V_5) = a
\end{array}
$$

これは次の6つの要素による群だ．

$$
\begin{pmatrix} 1 & 2 & 3 \\ 1 & 2 & 3 \end{pmatrix}, \quad
\begin{pmatrix} 1 & 2 & 3 \\ 1 & 3 & 2 \end{pmatrix}, \quad
\begin{pmatrix} 1 & 2 & 3 \\ 2 & 1 & 3 \end{pmatrix},
$$

$$
\begin{pmatrix} 1 & 2 & 3 \\ 2 & 3 & 1 \end{pmatrix}, \quad
\begin{pmatrix} 1 & 2 & 3 \\ 3 & 1 & 2 \end{pmatrix}, \quad
\begin{pmatrix} 1 & 2 & 3 \\ 3 & 2 & 1 \end{pmatrix}
$$

つまり3次対称群 S_3 そのものだ．3次方程式のガロア群は3次対称群の部分群だ．だから，ガロア方程式の次数が6次だとわかった時点で，計算しなくても，ガロア群が3次対称群であることはわかるのである．

ガロアがあげた実例

［一般の方程式］

一般の方程式の場合，根の間に特別な関係はないので，ガロア方程式の次数は $n!$ 次になる．したがってガロア群は n 次対称群 S_n だ．

ガロア群とは，次のふたつの条件を満足する群だった．

（1）ガロア群の置換で不変 → 体 K の元
（2）体 K の元 → ガロア群の置換で不変

一般の方程式の場合，ガロア群は対称群なので，ガロア群のあらゆる置換で不変だということは，すべての置換で不変であることを意味する．つまり根の対称式である．根の対称式は，基本対称式——もとの方程式の係数——の有理式であらわされる．したがって K の元であり，（1）が満たされる．

体 K は方程式の係数体であり，その元は方程式の係数の加減乗除であらわされる数だ．これらはすべて根の対称式であり，あらゆる置換で不変である．したがって（2）が満たされる．

［1でない1の累乗根を求める方程式］

複素数と複素数をかけることは，複素平面上では「絶対値×絶対値」と「偏角＋偏角」を実施することであったことを思いだしてほしい．1の n 乗根は，n 回かけて1になる複素数だ．したがって絶対値は1であり，偏角を n 回足せば $0, 2\pi, 4\pi, \cdots$ になる．

1の累乗根を求める場合，n は奇素数（2以外の素数）に限定してよい．$n=2$ の場合は明らかだし，$n=pq$ の場合，p と q の場合に解ければ pq の場合も解けるからだ．ガロアもとくにことわってはいないが，奇素数の場合に限定している（原始根が存在するのは，素

数のときだけ).

具体的なイメージをつかむため，$n=7$ の場合で考えてみよう．

$$\frac{x^7-1}{x-1} = x^6+x^5+x^4+x^3+x^2+x+1 = 0$$

この根のうち，偏角（$0 \leqq \theta < 2\pi$ として）がもっとも小さいものを α とする．

$$\alpha = \cos\left(\frac{2\pi}{7}\right) + i\sin\left(\frac{2\pi}{7}\right)$$

複素平面上にあらわすと次のようになる．

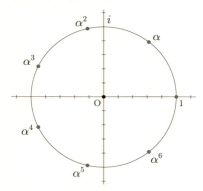

図を見ればわかるように，これは円周を 7 等分することを意味している．このことから，1 でない 1 の累乗根を求める方程式は，円周等分方程式と呼ばれている．

またこの α のように，他のすべての累乗根をあらわすことのできる根を，1 の原始累乗根と呼んでいる．

方程式の係数体 K は有理数体 Q，α の共役は $\alpha^2, \alpha^3, \alpha^4, \alpha^5, \alpha^6$ である．

$\alpha^7=1$ に注意して

$$(\alpha^2)^4 = \alpha^8 = \alpha$$
$$(\alpha^3)^5 = \alpha^{15} = \alpha$$
$$(\alpha^4)^2 = \alpha^8 = \alpha$$
$$(\alpha^5)^3 = \alpha^{15} = \alpha$$
$$(\alpha^6)^6 = \alpha^{36} = \alpha$$

となるので,

$$K(\alpha) = K(\alpha^2) = K(\alpha^3) = K(\alpha^4) = K(\alpha^5) = K(\alpha^6)$$

つまり,α がこれまで述べてきた V にあたり,もとの方程式がガロア方程式と一致する.またこのことは,$\alpha, \alpha^2, \alpha^3, \alpha^4, \alpha^5, \alpha^6$ がすべて 1 の原始 7 乗根になっていることを示している.

円周等分方程式は,ガロア方程式がもとの方程式と一致する希有な例なのである.

ガロア群をつくってみよう.

α	α	α^2	α^3	α^4	α^5	α^6
α^2	α^2	$(\alpha^2)^2 = \alpha^4$	$(\alpha^2)^3 = \alpha^6$	$(\alpha^2)^4 = \alpha$	$(\alpha^2)^5 = \alpha^3$	$(\alpha^2)^6 = \alpha^5$
α^3	α^3	$(\alpha^3)^2 = \alpha^6$	$(\alpha^3)^3 = \alpha^2$	$(\alpha^3)^4 = \alpha^5$	$(\alpha^3)^5 = \alpha$	$(\alpha^3)^6 = \alpha^4$
α^4	α^4	$(\alpha^4)^2 = \alpha$	$(\alpha^4)^3 = \alpha^5$	$(\alpha^4)^4 = \alpha^2$	$(\alpha^4)^5 = \alpha^6$	$(\alpha^4)^6 = \alpha^3$
α^5	α^5	$(\alpha^5)^2 = \alpha^3$	$(\alpha^5)^3 = \alpha$	$(\alpha^5)^4 = \alpha^6$	$(\alpha^5)^5 = \alpha^4$	$(\alpha^5)^6 = \alpha^2$
α^6	α^6	$(\alpha^6)^2 = \alpha^5$	$(\alpha^6)^3 = \alpha^4$	$(\alpha^6)^4 = \alpha^3$	$(\alpha^6)^5 = \alpha^2$	$(\alpha^6)^6 = \alpha$

ちょっとわかりにくいので,指数だけ書いてみる.

$$
\begin{array}{c|cccccc}
1 & 1 & 2 & 3 & 4 & 5 & 6 \\
2 & 2 & 4 & 6 & 1 & 3 & 5 \\
3 & 3 & 6 & 2 & 5 & 1 & 4 \\
4 & 4 & 1 & 5 & 2 & 6 & 3 \\
5 & 5 & 3 & 1 & 6 & 4 & 2 \\
6 & 6 & 5 & 4 & 3 & 2 & 1
\end{array}
$$

一見してどんな置換なのかわかりにくいが，最初の順列を「1, 3, 2, 6, 4, 5」に変えてみよう．ガロアが幾度も注意しているように，最初の順列は任意でいいのだから．また代入する V もこの順番にする．どの順番で代入するかは自由なのだから．

$$
\begin{array}{c|cccccc}
1 & 1 & 3 & 2 & 6 & 4 & 5 \\
3 & 3 & 2 & 6 & 4 & 5 & 1 \\
2 & 2 & 6 & 4 & 5 & 1 & 3 \\
6 & 6 & 4 & 5 & 1 & 3 & 2 \\
4 & 4 & 5 & 1 & 3 & 2 & 6 \\
5 & 5 & 1 & 3 & 2 & 6 & 4
\end{array}
$$

このガロア群の表を横に見ていくと，どの行も「1, 3, 2, 6, 4, 5」という順序が変化していないのに気付くはずだ．縦も同様．そこで，

$$1 = a, \quad 3 = b, \quad 2 = c, \quad 6 = d, \quad 4 = e, \quad 5 = f$$

のように置き換えてやると，ガロアが書いた表となる．

$$
\begin{array}{c|cccccc}
a & a & b & c & d & e & f & \cdots\cdots 置換① \\
b & b & c & d & e & f & a & \cdots\cdots 置換② \\
c & c & d & e & f & a & b & \cdots\cdots 置換③ \\
d & d & e & f & a & b & c & \cdots\cdots 置換④ \\
e & e & f & a & b & c & d & \cdots\cdots 置換⑤ \\
f & f & a & b & c & d & e & \cdots\cdots 置換⑥
\end{array}
$$

単に並べ替えただけだが，こんなことが起こる秘密は，「1, 3, 2, 6, 4, 5」という順序にある．これは mod 7 で，3 を次々に累乗していったら出てくる数字の並びだ．

$3^1 \equiv 3, \quad 3^2 \equiv 9 \equiv 2, \quad 3^3 \equiv 6, \quad 3^4 \equiv 18 \equiv 4, \quad 3^5 \equiv 12 \equiv 5,$

$3^6 \equiv 15 \equiv 1$

このように，累乗していくとすべての元が出てくる数を原始根という．ここで原始根を出したのは，単に見通しをよくするだけのためだ．ただ，原始根というのはそれだけで実に楽しい話題であり，語りたいことがいっぱいあって腹脹れる思いなのだが，紙数が増えると編集者にお尻をつねられるので，ここは自制しておく．

円周等分方程式のガロア群の特徴

このガロア群の特徴を確認しておこう．置換①は単位置換なので，置換②を普通の書き方で書いてみる．

$$
\begin{pmatrix}
a & b & c & d & e & f \\
b & c & d & e & f & a
\end{pmatrix}
$$

この置換を τ とし,その累乗を調べてみよう.

$$\tau^2 = \begin{pmatrix} a & b & c & d & e & f \\ b & c & d & e & f & a \end{pmatrix}^2 = \begin{pmatrix} a & b & c & d & e & f \\ c & d & e & f & a & b \end{pmatrix}$$

→ 置換③

$$\tau^3 = \begin{pmatrix} a & b & c & d & e & f \\ b & c & d & e & f & a \end{pmatrix}^3 = \begin{pmatrix} a & b & c & d & e & f \\ d & e & f & a & b & c \end{pmatrix}$$

→ 置換④

$$\tau^4 = \begin{pmatrix} a & b & c & d & e & f \\ b & c & d & e & f & a \end{pmatrix}^4 = \begin{pmatrix} a & b & c & d & e & f \\ e & f & a & b & c & d \end{pmatrix}$$

→ 置換⑤

$$\tau^5 = \begin{pmatrix} a & b & c & d & e & f \\ b & c & d & e & f & a \end{pmatrix}^5 = \begin{pmatrix} a & b & c & d & e & f \\ f & a & b & c & d & e \end{pmatrix}$$

→ 置換⑥

$$\tau^6 = \begin{pmatrix} a & b & c & d & e & f \\ b & c & d & e & f & a \end{pmatrix}^6 = \begin{pmatrix} a & b & c & d & e & f \\ a & b & c & d & e & f \end{pmatrix}$$

→ 置換① = 単位置換

つまりこの元の要素は,次のように,τ の累乗だけであらわされるのである(ε は単位置換).

$$\{\tau, \tau^2, \tau^3, \tau^4, \tau^5, \tau^6 = \varepsilon\}$$

これは群の中でもっとも単純な構造をもつ巡回群だ.

円周等分方程式のガロア群が巡回群であることを見抜くことによって，ガウスは円周等分方程式が累乗根で解けるかどうかという難問を解決した（もちろんこれは後世の知識による再解釈であり，自分が研究しているものがガロア群であるとガウスが認識していたわけではない）．そしてガロアはガウスの方法を完全に自家薬籠中のものとしていたのである．

ガロア群の置換の意味

n 次方程式のガロア群は，n 個の根の置換群である．n 個の要素のすべての置換を集めたものが n 次対称群だったので，当然 n 次方程式のガロア群は n 次対称式の部分群だ．

またガロアの表を見ればわかるとおり，ガロア群の置換は n 個の根の置換であると同時に，V を V_k に置き換える置換でもある．この置換を $(V \to V_k)$ と書こう．ここで注意すべき点は，$(V \to V_k)$ が単に V を V_k に変えるだけではなく，同時に他の V も変化させている点だ．実例3の3次方程式の場合で考えてみよう．

$V = \varphi(a,b,c)$, $V_1 = \varphi(a,c,b)$, $V_2 = \varphi(b,a,c)$, $V_3 = \varphi(b,c,a)$, $V_4 = \varphi(c,a,b)$, $V_5 = \varphi(c,b,a)$ であることを念頭に置いて，$(V \to V_1)$ の置換を考えてみよう．この置換は

$$\begin{pmatrix} a & b & c \\ a & c & b \end{pmatrix}$$

だった．では，これによって $V_1 \sim V_5$ がどう変わるかを見てみよう．

$$V_1 = \varphi(a,c,b) \quad \rightarrow \quad \varphi(a,b,c) = V$$
$$V_2 = \varphi(b,a,c) \quad \rightarrow \quad \varphi(c,a,b) = V_4$$
$$V_3 = \varphi(b,c,a) \quad \rightarrow \quad \varphi(c,b,a) = V_5$$
$$V_4 = \varphi(c,a,b) \quad \rightarrow \quad \varphi(b,a,c) = V_2$$
$$V_5 = \varphi(c,b,a) \quad \rightarrow \quad \varphi(b,c,a) = V_3$$

したがって次の3つの置換は同じことを意味していることになる.

$$(V \rightarrow V_1) = \begin{pmatrix} a & b & c \\ a & c & b \end{pmatrix} = \begin{pmatrix} V & V_1 & V_2 & V_3 & V_4 & V_5 \\ V_1 & V & V_4 & V_5 & V_2 & V_3 \end{pmatrix}$$

$(V \rightarrow V_2)$, $(V \rightarrow V_3)$, … についても同じだ.

さらに,任意の V を任意の V に置き換える $(V_i \rightarrow V_k)$ が,$(V \rightarrow V_1)$,$(V \rightarrow V_2)$, … のどれかと同じであることも理解できよう.

ただし,$V_1 = \lambda_i(V)$ という関数を考えたとき,同じ λ_i という関数であったとしても,$(V \rightarrow \lambda_i(V))$ と $(V_k \rightarrow \lambda_i(V_k))$ は根の置換として必ずしも同じではない,という点は注意を要する.

ガロア流の書き方をすると,$(V \rightarrow \lambda_i(V))$ の場合の根の置換は次のようになる.

V	$\theta(V)$	$\theta_1(V)$	$\theta_2(V)$	$\cdots$	$\theta_{n-1}(V)$
$\lambda_i(V)$	$\theta(\lambda_i(V))$	$\theta_1(\lambda_i(V))$	$\theta_2(\lambda_i(V))$	$\cdots$	$\theta_{n-1}(\lambda_i(V))$

それに対して $(V_k \rightarrow \lambda_i(V_k))$ の場合の根の置換はこうだ.

V_k	$\theta(V_k)$	$\theta_1(V_k)$	$\theta_2(V_k)$	$\cdots$	$\theta_{n-1}(V_k)$
$\lambda_i(V_k)$	$\theta(\lambda_i(V_k))$	$\theta_1(\lambda_i(V_k))$	$\theta_2(\lambda_i(V_k))$	$\cdots$	$\theta_{n-1}(\lambda_i(V_k))$

このふたつの置換は共役という関係にある.置換の共役については,第II節で詳説する.

根の置換と V の置換は同じことを意味しているのだが,根の置換のかわりに V の置換を考えると,かなり見通しがよくなる.

なんだ見通しがよくなるだけか,と言うなかれ.人間の脳は,同じことでも見方を変えないと理解できないようになっているのだ.見通しをよくする,というのは,理解のために必要不可欠な過程であるとも言えるだろう.

そもそも,数学は必要十分条件で結ばれる命題を考え続けている.必要十分条件で結ばれる命題とは,同じことを別の言い方にしたものに過ぎない.単なる言い換えに過ぎないことを必死になって研究しているのだ.

その言い換えが重要なのである.たとえばこの第1論文は,「方程式が累乗根で解ける」と「方程式のガロア群が可解群である」というふたつの命題が必要十分条件であることを証明している.このふたつの命題は,同じことを言い換えたに過ぎない.しかし人間の理解という意味で考えると,このふたつの命題には天と地との差がある.

では,ガロア群が(1),(2)の条件を満たすことの証明を見ていこう.V を使うことでどれほど見通しがよくなったかが実感できるだろう.

実際，(1)この群の置換で不変である根の有理式 F は，次のようにあらわすことができる．

$$F = \psi V$$

そして，次の関係が得られる．

$$\psi V = \psi V' = \psi V'' = \cdots = \psi V^{(n-1)}$$

したがって F の値は有理的に定まる．
(2)逆に，式 F が有理的に決定可能であるとしよう．ここで

$$F = \psi V$$

とすれば，次の関係が得られる．

$$\psi V = \psi V' = \psi V'' = \cdots = \psi V^{(n-1)}$$

なぜなら，V の方程式は既約であり，V は方程式 $F=\psi V$ を満たし，さらに F は有理的な量であるからである．したがって式 F は上記の群の置換で不変でなければならない．

したがって，この群は定理のふたつの性質を満たしている．それゆえ，定理は証明された．

問題となったこの群を，方程式の群と呼ぶことにしよう．

注[1] ここで議論された順列の群は，文字の配列とはまったく無関係である．文字のひとつの順列から他の順列への移行のみを考慮すればよい．

したがって，最初の順列は任意のものでよい．他の順列は常

に，同一の置換によって導かれる．このようにして新たにつくられた群は明らかに最初の順列と同一になる．なぜなら，この定理では，式における文字の置換だけが問題となっているからである．

注[2]　置換は根の個数とさえ独立である．

[(1)「ガロア群の置換で不変 → 体 K の元」の証明]
ガロアの証明を若干補足しよう．

方程式の根はすべて V の多項式であらわされる．したがって方程式の根の有理式は，V の有理式となる．根の有理式を $F=\psi(V)$ としよう．この F がガロア群の置換で不変だというのである．ガロア群の置換は，$(V \to V_1), (V \to V_2), \cdots (V \to V_{k-1})$ であった．したがって，

$$\psi(V) = \psi(V_1) = \psi(V_2) = \cdots = \psi(V_{k-1})$$

すると F は次のようにあらわされる．

$$F = \psi(V) = \frac{1}{k}\{\psi(V) + \psi(V_1) + \psi(V_2) + \cdots + \psi(V_{k-1})\}$$

これは $V, V_1, V_2, \cdots V_{k-1}$ の対称式であり，したがってガロア方程式の係数であらわすことができる．つまり，F は K の元である．■

[(2)「体 K の元 → ガロア群の置換で不変」の証明]

このガロアの証明は少々乱暴だ．ガロアの頭の中ではあたりまえ過ぎるのかもしれないが…．ちょっと言葉を付け加えることにしよう．

根の有理式 F が体 K の元であるとする．根の有理式なの

で，これは V であらわすことができる．これを $F=\psi(V)$ とする．すると，

$$F-\psi(V) = 0$$

この V を x で入れ替えたものを，$G(x)$ としよう．

$$G(x) = F-\psi(x)$$

すると $G(V)=0$ なので，ガロア方程式 $g(x)=0$ と根 V を共有する．ガロア方程式は既約なので，補題 I により，$G(x)$ は $g(x)$ で割り切れる．つまり $g(x)=0$ のすべての根は $G(x)=0$ の根でもある．したがって，

$$G(V) = G(V_1) = G(V_2) = \cdots = G(V_{k-1}) = 0$$

つまり

$$F-\psi(V) = F-\psi(V_1) = F-\psi(V_2) = \cdots = F-\psi(V_{k-1}) = 0$$
$$\therefore F = \psi(V) = \psi(V_1) = \psi(V_2) = \cdots = \psi(V_{k-1})$$

したがって F はガロア群の置換で不変．■

この関係をもとの方程式の根 $a, b, c, \cdots$ の置換で証明するとなるとかなりややこしいことになるが，$a, b, c, \cdots$ の置換のかわりに V の置換を考えることによって，非常にすっきりとした証明になっている．

ガロア群は基礎体 K の元を変えない．これを「有理関係を変えない」と表現することもある．加減乗除の関係を変えないということだが，端的にいえば，$a, b, c, \cdots$ の有理式 $f(a,b,c,\cdots)$ について，$f=0$ のとき，置換によって $f \to f'$ となったとしても，$f'=0$ である

ことを意味している．0は当然基礎体 K の元であり，ガロア群の置換で変化しない．だから置換によって f が f' になっても，0は0のままなのである．

注[1]に付け加えることは特にないだろう．ガロア群の表の一番上の順列は任意だ，という意味だ．

注[2]．置換の個数は方程式の根の個数によって決まるわけではない．n 次方程式のガロア群は n 次対称群の部分群だ．部分群の元の個数は全体の群の約数なので，ガロア群の元の個数は，n 次対称群の元の個数 $n!$ の約数になる，という関係があるに過ぎない．

コラム2　ガロアとヤコビ（1804-1851）

オーギュスト・シュバリエへの遺書の末尾で，ガロアはこれらの定理が正しいかどうかではなく，その重要性についてヤコビかガウスに公開で質問するよう依頼した．ここにフランスの数学者の名前がないことに，フランス数学界へのガロアの怒りを読み取ることは容易だろう．しかしどうしてヤコビとガウスなのだろうか．

現代から見れば，ヤコビとガウスが並んでいるのを不思議に思うこともないかもしれないが，遺書が書かれた当時ヤコビはまだ20代の若者であり，数学王と呼ばれていたガウスと並べられることには少々違和感がある．

ベルリン大学に学んだヤコビは楕円関数に熱中し，一歩前を進んでいたアーベルと切磋琢磨しながら研究を進めていた．ところがライバルであるアーベル渾身の論文——パリ論文——がフランス科学アカデミーで握りつぶされていることを知ると，激しく抗議する．その抗議を受けてルジャンドルがあわてて探したところ，パリ論文は亡命していたコーシーの引き出しの中に眠っていたと

いう.

　しかしパリ論文の発見は，アーベルの死後だった．その後パリ論文は，「後代の数学者に 500 年分の仕事を残した」と称されるほど，高い評価を受けることとなる.

　フランス科学アカデミーはこのことを反省したのか，1830 年の大賞を故アーベルとヤコビに授与する．ガロアの第 1 論文がフーリエの死によって紛失の憂き目にあった年だ．

　これらの事情を十分に承知した上で，ガロアはあえてヤコビを選んだのだと思われる．

　ヤコビはまた，科学の唯一の目的が「人間精神の名誉のため」であると語ったことでも有名だ．これは，科学の主たる目的は人間生活の福利にあると主張していたフーリエを批判したもので，1830 年のルジャンドルあての手紙に記されていた．

3 正規部分群を発見する
第Ⅱ～Ⅳ節はガロアの真骨頂を示すが，まるで殴り書きのようだ

　第Ⅱ節～第Ⅳ節はかなりわかりにくい．特に第Ⅱ節は，日本語に翻訳してもそれが日本語であることを疑ってしまうほどだ．

　実際の多項式について考察しているので，細かい点で「本当にそうなるのか？」という疑問が生じてしまう．実験をしてみようにも，可能なのはせいぜい5次方程式までの範囲の話であり，それすら計算はおそろしく煩雑になってしまう．議論は方程式一般についてであり，100次方程式でも1000次方程式でも成立する定理を考えているのだが，実際にそんな計算をすることなど不可能だ．

　第Ⅱ節の左の余白に，「この証明を完璧にするために必要なものがある．ぼくには時間がない」という書き込みがある．この書き込みについてオーギュスト・シュバリエは「この部分は非常な速さで殴り書きのように記されている．その状況と「ぼくには時間がない」という言葉から，ぼくはガロアが決闘の場に赴く直前にこの論文を見直したに違いないと思っている」と記した．

　実際この部分は，他の書き込みとは異なり，斜めになっており，ガロアの切迫した思いがあらわれているかのように感じられる．

　しかし第Ⅱ節の内容は，複雑ではあるけれども完結しており，「完璧にするために必要なもの」があるとは思えない．ガロアは何を書き加えたかったのだろうか．

　ガロアは決闘の前夜，無二の親友であるシュバリエにあてて，数

学的な内容を含む遺書を書いた．それを書いたのはおそらく，この書き込みをしたのと前後する時間だ．

　その遺書でガロアは，書かれることのなかった第2論文の要約を記している．第2論文のテーマは，第1論文のモジュラー方程式への応用だ．その要約の冒頭で第1論文を簡単に整理しているのだが，そこで実質的に正規部分群の定義を述べている．第1論文では一切触れられていない内容だ．

　これはあくまでわたしの想像だが，ガロアは正規部分群の定義から議論を展開していけば，現状のような複雑な議論は必要ないということに気付いており，そのことを書きたかったのではないだろうか．

　現存する第1論文の第II，第III節は，補助方程式の根を添加した場合にガロア方程式がどのように変化していくかを直接検討していき，その中から正規部分群を発見している．つまり，正規部分群の発見に至る経緯が記されている．よくこんなことに気付いたものだ，と感嘆せざるをえない展開だ．

　しかし一度発見してしまえば，どのようにして発見したかというような苦労話は必要なくなる．方程式の理論としては，先に正規部分群を定義して議論を展開していけば，はるかに簡単に第II節の結論にたどりつくことができるのである．

　たとえて言えば，険峻な断崖絶壁を満身創痍になりながら登りつめたら，その裏側にもっと容易な登山ルートがあることを発見した，というようなものだ．

　現存する第II，III節は，17歳のガロアが正面から攻略を試みた記録だ．ところがその後ガロアは，正規部分群の定義からはじめれば議論の展開がすっきりとすることに気付いたのではないだろう

か.

　第2論文，第3論文，さらにはその先まで進んでいたガロアが，そのことに気付いていなかったと想像する方が無理だろう．しかし時間があれば第2論文，第3論文を執筆したいと思っていたガロアに，第1論文を書き直す余裕はなかった．そして決闘の直前，このような書き込みをしたのではないだろうか．

　シュバリエへの遺書の中にあった正規部分群の定義については第Ⅳ節で述べる．

　繰り返しになるが，第Ⅱ節は非常にややこしく，難解だ．しかしここが理解できないからといって，第1論文を読むという目的を放棄するのはあまりにももったいない．実際，第Ⅱ節の議論は第1論文を理解する上で必要なわけではない．

　だから，第Ⅱ節が難しく感じられたなら，それは軽く読み流して，次に進むことをおすすめする．

　第Ⅱ節は，前にも書いたが，17歳のガロアがこの問題に正面から取り組んだ苦闘のあとだ．高楼を築いたあと，醜い足場は消してしまうという一般の数学者の流儀にしたがえば，ここは整理されてしまったかもしれない部分だ．しかしガロアの早すぎる死によって，この部分はそのまま残された．そのつもりで鑑賞すると，また感慨深いものがある．

　この部分を一言でまとめるならば，正規部分群の発見，である．そこに正規部分群があるということを知っていれば，その探究はそれほど難しいことではない．しかしまったく何もわかっていない状況の中から，それに気付き，それを探究していくということは，凡人のなしうる業ではない．

　ガロア以前の，数多の数学者が同じ風景を見ていた．それなのに

誰も気付かなかったことに，ガロアは気付き，斬り込んでいったのである．そもそも，このような方向の分析をしようなどと思い立ったのはどうしてなのか，第Ⅱ節の記述を追うだけであっぷあっぷしているわたしなどには想像もつかない．

第Ⅱ節——ガロアの苦闘

第Ⅱ節

定理

与えられた方程式に，既約な補助方程式の根 r を添加した場合，(1) ふたつのうちひとつが起こる．方程式の群がまったく変化しないか，あるいは p 個の群に分解する．分解した群は，与えられた方程式に補助方程式の根を添加するときのおのおのの方程式に属する．

(2) これらの群は次のような注目すべき性質を有する．すなわち，最初のすべての順列に同じ文字の置換をほどこせば，ひとつの群から他の群に移行する．

(1) もし r を添加しても，ここで議論をした V の方程式が既約のままであれば，明らかに方程式の群は変化していない．一方，V の方程式が可約となったならば，V の方程式は同じ次数で同じかたちの p 個の因数に分解する．

$$f(V, r) \times f(V, r') \times f(V, r'') \times \cdots$$

ここで，$r, r', r'', \cdots$ は r の別の値である．したがって，与えられた方程式は同じ個数の順列の群に分解する．なぜなら，V のそれぞれの値に対して，ひとつの順列が対応するからである．$r, r', r'', \cdots$ が連続的に添加されたとき，これらの群は与えられた方程式の群となるであろう．

(2) 先に，すべての V の値は互いに有理式であらわされることを示した．それによって次のことがわかる．つまり，V が $f(V,r)=0$ の根であり，$F(V)$ が別の根であるとしよう．すると，V' が $f(V,r')=0$ の根であるならば，明らかに $F(V')$ も別の根である．なぜなら，

$$f(F(V),r) \to f(V,r) \text{ で割り切れる式}$$

したがって(補題Ⅰ)

$$f(F(V'),r') \to f(V',r') \text{ で割り切れる式}$$

これによって次のことが言える．r に関する群で同じ文字の置換をほどこせば，r' に関する群が得られる．

実際，たとえば

$$\varphi_p F(V) = \varphi_n(V)$$

であれば，

$$\varphi_p F(V') = \varphi_n(V')$$

を得るであろう(補題Ⅰ)．

したがって，順列 $(F(V))$ から順列 $(F(V'))$ に移行するためには，順列 (V) から順列 (V') に移行するのと同じ置換をほど

こす必要があるのである．

定理はこれによって証明された．

正直，このままでは何を言っているのかよくわからない．特に (2) の部分は完全に意味不明だった．いろいろな参考書を漁り，何とかガロアが言いたいことを理解するまで数年かかってしまった．ガロア第 1 論文でもっとも難解な部分だと思う．

ガロアは方程式に補助方程式の根 r を添加すると言っているが，現代風の言い方では，与えられた方程式の係数体 K に補助方程式の根 r を添加する，と表現すべきだろう．K を拡大した $K(r)$ 上で，ガロア方程式 $g(x)=0$ がどうなるか，がこの節のテーマだ．

たとえば実例 3 の 3 次方程式 $x^3+3x-2=0$ を解く場合，まず次の補助方程式を解く必要がある．

$$x^2 = \left(\frac{3}{3}\right)^3 + \left(\frac{2}{2}\right)^2 = 2$$

この方程式の根のひとつ $\sqrt{2}$ を基礎体に添加すると，ガロア方程式は次のように因数分解される．

$$x^6 - 54x^3 - 729 = 0$$
$$(x^3 - 27 + 27\sqrt{2})(x^3 - 27 - 27\sqrt{2}) = 0$$

これを一般的に考えてみよう，というわけだ．

(1) をふたつの部分に分けて考えていこう．

① $K(r)$ 上でガロア方程式が因数分解された場合，群が縮小する．

補助方程式はいうまでもなく K 上の方程式である．つまり，補助方程式の係数はもとの方程式の係数体 K の元だ．

素数 p 次の補助方程式 $s(y)=0$ の根 r を添加すると，体 K は $K(r)$ に拡大する．$s(x)=0$ でなく $s(y)=0$ としたのは，あとのことを考えたためで，本質的に違いはない．

r の添加によって，ガロア方程式

$$g(x) = 0$$

の左辺が次のように因数分解されたとしよう．

$$g(x) = h(x)p(x)$$

ガロア方程式 $g(x)=0$ の左辺は，$K(V)$ 上では次のように1次式にまで分解される．（ガロア方程式の最高次の係数は常に1にしておく．）

$$g(x) = (x-V)(x-V_1)(x-V_2)\cdots$$

したがって，$h(x)$ も $p(x)$ も $(x-V_j)$ をいくつか掛け合わせたものとなる．V が含まれている方を $h(x)$ とする．もちろん $h(x)$ は $K(r)$ 上で既約だ．

$$h(x) = x^k + t_1 x^{k-1} + t_2 x^{k-2} + \cdots + t_k$$

とする．K で既約であった $g(x)$ が $K(r)$ で因数分解されたということは，$t_1, t_2, \cdots, t_k$ は K の元ではないが，$K(r)$ の元だ，ということを意味している．

V の共役の番号を振りなおし，$h(x)$ に含まれている V の共役をあらためて $V_1, V_2, V_3, \cdots, V_{k-1}$ としよう．また，

$$V_1 = \lambda_1(V), \ V_2 = \lambda_2(V), \ V_3 = \lambda_3(V), \ \cdots, \ V_{k-1} = \lambda_{k-1}(V)$$

とする．

このとき, $h(x)$ と, $h(\lambda_j(x))$ の関係を考えてみよう (j は k より小さい正の整数). V を代入すれば,

$$h(V) = 0$$
$$h(\lambda_j(V)) = h(V_j) = 0$$

したがって, $h(x)$ と $h(\lambda_j(x))$ は V という共通根をもつ. $h(x)$ は既約なので, 補題Ⅰにより, $h(\lambda_j(x))$ は $h(x)$ で割り切れる. したがって $K(r)$ 上の多項式 $m(x)$ が存在して

$$h(\lambda_j(x)) = h(x)m(x)$$

よって k より小さい i に対して,

$$h(\lambda_j(V_i)) = h(V_i)m(V_i) = 0 \times m(V_i) = 0$$

$V_i = \lambda_i(V)$ を左辺に代入すると, $h(\lambda_j(\lambda_i(V)))=0$. これは $\lambda_j(\lambda_i(V))$ が $V, V_1, V_2, \cdots, V_{k-1}$ のどれかに一致することを意味している. λ_j, λ_i は $V, V_1, V_2, \cdots, V_{k-1}$ のある置換を意味しており, その結果もまた $V, V_1, V_2, \cdots, V_{k-1}$ になる. つまりこれらの置換は群をなしているのである. この群を H としよう.

体 K 上での V の最小多項式 $g(x)$ がもとの方程式 $f(x)=0$ のガロア分解式であった.

体 $K(r)$ 上での V の最小多項式は $h(x)$ なので, 体 $K(r)$ での $f(x)=0$ のガロア分解式は $h(x)$ ということになる.

体 K 上のガロア群 G と, 体 $K(r)$ 上のガロア群 H を並べて書いておこう. G の位数を m とする.

$$G = \{(V \to V),\ (V \to V_1),\ (V \to V_2),\ \cdots,\ (V \to V_{m-1})\}$$

$$H = \{(V \to V),\ (V \to V_1),\ (V \to V_2),\ \cdots,\ (V \to V_{k-1})\}$$

整理しよう.

   体 K 上——ガロア分解式 $g(x)$——ガロア群 G

   体 $K(r)$ 上——ガロア分解式 $h(x)$——ガロア群 H

② $r, r_1, r_2, \cdots$ の添加による $g(x)$ の因数分解の様子.

r の添加によってガロア分解式 $g(x)$ が $h(x)p(x)$ に分解したとする. $h(x)$ は x の多項式で, その係数は $K(r)$ の元, つまり r の多項式だった. $p(x)$ もやはり $K(r)$ 上の多項式なので, その係数は $K(r)$ の元だ. そこで, $h(x)$ と $p(x)$ を, $h(x,r)$, $p(x,r)$ と表すことにしよう. $g(x)$ の係数は体 K の元なので, r は含まれない.

ここで, 補題Ⅰの延長のような考察をする.

$$F(x,r) = g(x) - h(x,r)p(x,r) = 0$$

として展開, 整理すると, $K(r)$ の元を係数とする x の多項式となる.

$$F(x,r) = u_q(r)x^q + u_{q-1}(r)x^{q-1} + u_{q-2}(r)x^{q-2} + \cdots + u_0(r)$$

この r を変数 y に変える.

$$F(x,y) = u_q(y)x^q + u_{q-1}(y)x^{q-1} + u_{q-2}(y)x^{q-2} + \cdots + u_0(y)$$

ところが, y に r を代入すれば

$$F(x,r) = h(x) - f(x,r)p(x,r) = 0$$

となり, これは x の恒等式なので, すべての係数が 0 となる.

$$u_q(r) = u_{q-1}(r) = u_{q-2}(r) = \cdots = u_0(r) = 0$$

したがって $s(y)=0$ と $u_q(y)=0$, $u_{q-1}(y)=0$, $u_{q-2}(y)=0$, $\cdots$, $u_0(y)=0$ は根 r を共有する.

$s(y)$ は既約なので,補題Iにより,$u_q(y), u_{q-1}(y), u_{q-2}(y), \cdots, u_0(y)$ は $s(y)$ で割り切れる.すると,体 $K(r)$ 上の多項式 $q(x,y)$ が存在して

$$F(x,y) = g(x) - h(x,y)p(x,y) = s(y)q(x,y)$$

したがって,$s(y)=0$ のすべての根 $r, r_1, r_2, \cdots, r_{p-1}$ について

$$g(x) - h(x, r_j)p(x, r_j) = 0 \quad \rightarrow \quad g(x) = h(x, r_j)p(x, r_j)$$

となる.つまり,r の共役 r_j を添加して生じる $g(x)$ の因子はすべて $h(x, r_j)$ の形をしており,当然 x について同じ次数になる.

ガロアは「p 個の因数に分解する」と書いているが,この p が何を意味するかは明示していない.もし p が既約方程式の次数を表しているのならば,重複がありうるので,$g(x)$ が p 個の因子に分解されるとは限らない.p が素数であれば,当然 p 個の因子に分解される.

ガロアの原稿には,「既約な補助方程式」のところに「素数 p 次」と書かれてあり,のちにそれを消したあとが残っている.消したのは決闘の前夜だったのかもしれない.何らかの理由で「素数 p 次」という文字を削除したが,時間がないままその後の記述にある「p」について検討することもできず,そのまま放置することになったのではないだろうか.

ここに素数 p 次という言葉が入っていれば,ガロアの言明は明確になる.またこれ以後の議論のために必要なのは,素数 p 次の

場合だけだ.

いずれにせよ,補助方程式の次数が素数 p 次であれば,ガロアの言うように,$g(x)$ は次のように「同じ次数で同じかたちの p 個の因数」に分解される.

$$g(x) = h(x,r) \times h(x,r_1) \times h(x,r_2) \times \cdots$$

(2) 素数 p 次の補助方程式 $s(y)=0$ の根 r の添加によって縮小した群 H と,r_i の添加によって縮小した群 H_i の関係.

$K(r)$ のガロア群が H,$K(r_1)$ のガロア群が H_1,$K(r_2)$ のガロア群が H_2,… ということになるが,ここでは H と H_1 との関係を考えてみよう.

(1)の①で,$h(\lambda_j(x))=h(x)m(x)$ という式について考えた.$h(x)$ は係数体 K に r を添加したとき生じたガロア方程式 $g(x)=0$ の因子であり,$\lambda_j(V)=V_j$ は $h(x)=0$ の根のひとつ,また $m(x)$ は $K(r)$ 上の多項式だった.そこで②でやったように,r を強調して $h(\lambda_j(x),r), h(x,r), m(x,r)$ と書くことにしよう.

$$h(\lambda_j(x),r) - h(x,r)m(x,r) = 0$$

この左辺を $E(x,r)$ とおいて,展開,整理する.

$$\begin{aligned} E(x,r) &= h(\lambda_j(x),r) - h(x,r)m(x,r) \\ &= v_t(r)x^t + v_{t-1}(r)x^{t-1} + v_{t-2}(r)x^{t-2} + \cdots + v_0(r) \end{aligned}$$

この r を変数 y に置き換える.

$$E(x,y) = v_t(y)x^t + v_{t-1}(y)x^{t-1} + v_{t-2}(y)x^{t-2} + \cdots + v_0(y)$$

この y に r を代入すると,$E(x,r)=0$ となるが,これは x の恒

等式なので,

$$v_t(r) = v_{t-1}(r) = v_{t-2}(r) = \cdots = v_0(r) = 0$$

したがって $v_t(y)=0$, $v_{t-1}(y)=0$, $v_{t-2}(y)=0$, $\cdots$, $v_0(y)=0$ は補助方程式 $s(y)=0$ と共通根 r をもつ. $s(y)=0$ は既約なので, 補題Iにより, $v_t(y), v_{t-1}(y), v_{t-2}(y), \cdots, v_0(y)$ は $s(y)$ で割り切れる. つまり体 $K(r)$ 上の多項式 $n(x,y)$ が存在して,

$$E(x,y) = h(\lambda_j(x), y) - h(x,y)m(x,y) = s(y)n(x,y)$$

だから, $s(y)$ の根 $r, r_1, r_2, \cdots, r_{p-1}$ について,

$$h(\lambda_j(x), r_j) - h(x, r_j)m(x, r_j) = s(r_j)n(x, r_j) = 0$$

ガロアが,「$f(F(V),r) \to f(V,r)$ で割り切れる式」,「$f(F(V'),r') \to f(V',r')$ で割り切れる式」と記しているのはこのことだ. ガロアとは記号の使い方がちょっと異なるので, 対応を表にしておこう.

$f(F(V),r)$ の V を x に変えたもの ——— $h(\lambda_j(x), r)$

$f(V,r)$ の V を x に変えたもの ——— $h(x, r)$

$f(F(V'),r')$ の V' を x に変えたもの ——— $h(\lambda_j(x), r_1)$

$f(V',r')$ の V' を x に変えたもの ——— $h(x, r_1)$

これはつまり,

$h(\lambda_j(x), r)$ は $h(x,r)$ で割り切れ, $h(\lambda_j(x), r_1)$ は $h(x, r_1)$ で割り切れる.

ということであり,

$$\begin{cases} h(x,r)=0 \text{ の根 } V \text{ に対して, } \lambda_j(V) \text{ も } h(x,r)=0 \text{ の根ならば,} \\ h(x,r_1)=0 \text{ の根 } V_k \text{ に対して, } \lambda_j(V_k) \text{ も } h(x,r_1)=0 \text{ の根である.} \end{cases}$$

を意味している．だから，

$$\begin{cases} V \to \lambda_j(V) \text{ が } H \text{ の置換であるならば,} \\ V_k \to \lambda_j(V_k) \text{ は } H_1 \text{ の置換である.} \end{cases}$$

結局，H の置換から H_1 の置換をつくるためには，H の置換 $(V \to \lambda_j(V))$ に対して $(V_k \to \lambda_j(V_k))$ が H_1 の置換となるので，H の置換の V を V_k に書き換えればよい，ということになる．このことをガロアは「順列 $(F(V))$ から順列 $(F(V'))$ に移行するためには，順列 (V) から順列 (V') に移行するのと同じ置換をほどこす必要があるのである」と表現しているのだ．

$h(x,r)=0$ の根を $V, \lambda_1(V), \lambda_2(V), \lambda_3(V), \cdots$ としよう．すると $h(x,r_1)=0$ の根は $V_k, \lambda_1(V_k), \lambda_2(V_k), \lambda_3(V_k), \cdots$ となる．

だから，

H の置換：$(V \to \lambda_1(V)), (V \to \lambda_2(V)), (V \to \lambda_3(V)), \cdots$

に対して，

H_1 の置換：$(V_k \to \lambda_1(V_k)), (V_k \to \lambda_2(V_k)), (V_k \to \lambda_3(V_k)), \cdots$

つまり H の置換をもとに H_1 の置換をつくるには，V を V_k に書き換えればいい，というわけである．

ガロアが述べているのはここまでだ．しかしこれでは非常に落ち着きが悪い．H の置換をもとに H_1 の置換をつくる，というのはこれ以後の議論のポイントになるのだが，そのときいちいち「順列

(V) から順列 (V') に移行するのと同じ置換をほどこす」とやっていては，話がごちゃごちゃして頭が爆発してしまう．

現代ではこの部分は簡潔に記号化されている．まず置換 $(V \to V_1)$ を σ，置換 $(V \to V_k)$ を τ とする．

$$\sigma = \begin{pmatrix} 1 & 2 & 3 & \cdots & n \\ \sigma(1) & \sigma(2) & \sigma(3) & \cdots & \sigma(n) \end{pmatrix}$$

$$\tau = \begin{pmatrix} 1 & 2 & 3 & \cdots & n \\ \tau(1) & \tau(2) & \tau(3) & \cdots & \tau(n) \end{pmatrix}$$

σ に対して「順列 (V) から順列 (V') に移行するのと同じ置換をほどこす」とは，σ の上の順列と下の順列に τ をほどこすことを意味する．その結果は次のようになる．

$$\begin{pmatrix} \tau(1) & \tau(2) & \tau(3) & \cdots & \tau(n) \\ \tau(\sigma(1)) & \tau(\sigma(2)) & \tau(\sigma(3)) & \cdots & \tau(\sigma(n)) \end{pmatrix}$$

実はこれは，

$$\tau^{-1} \sigma \tau$$

と等しいのである．確かめてみよう．まず τ^{-1} は次のようになる．

$$\tau^{-1} = \begin{pmatrix} \tau(1) & \tau(2) & \tau(3) & \cdots & \tau(n) \\ 1 & 2 & 3 & \cdots & n \end{pmatrix}$$

では，$\tau^{-1}\sigma\tau$ はどうなるのだろうか．順に確認していくと，$(\tau(1) \to 1)(1 \to \sigma(1))(\sigma(1) \to \tau(\sigma(1)))$ つまり $\tau(1) \to \tau(\sigma(1))$，$(\tau(2) \to 2)(2 \to \sigma(2))(\sigma(2) \to \tau(\sigma(2)))$ つまり $\tau(2) \to \tau(\sigma(2))$，… となるので，上の結果と同じになることが納得できよう．

左の図のように考えることもできる. H の置換 $(V \to \lambda_1(V))$ をもとにして, H_1 の置換 $(V_k \to \lambda_1(V_k))$ をつくるためには〈① V_k を V に置換する. ② V を $\lambda_1(V)$ に置換する. ③この V を V_k に置換する.〉という操作をほどこせばよい. ①は τ^{-1}, ②は σ, ③は τ である.

H のすべての置換についてこの操作をすれば, H_1 のすべての置換をつくることができる. このように, σ と $\tau^{-1}\sigma\tau$ の関係にある置換を, 共役という. H の置換と H_1 の置換は共役関係にあり, H から H_1 へ移る順列のひとつを τ とし, H のすべての置換 σ_i について $\tau^{-1}\sigma_i\tau$ を計算すれば, H_1 のすべての置換が出てくる. 既約方程式の根と根を共役な根と言うが, 共役な置換もまた, 親の血を引く兄弟よりも深い絆で結ばれているのである.

結論は次の通り.

補助方程式の根 r の添加によって生じたガロア方程式 $g(x)=0$ の因子 $h(x,r)$ を動かさない群 H, r の共役 r_1 の添加によって生じた因子 $h(x,r_1)$ を動かさない群 H_1, r_2 の添加によって生じた因子 $h(x,r_2)$ を動かさない群 H_2, … について, つまり $K(r)$ のガロア群 H, $K(r_1)$ のガロア群 H_1, $K(r_2)$ のガロア群 H_2, … について, 次の等号が成立する. ($h(x,r)=0$ の根のひとつを V, $h(x,r_1)=0$ の根のひとつを V_k, $h(x,r_2)=0$ の根のひとつを V_{2k}, … としたとき $\tau_1:(V \to V_k)$, $\tau_2:(V \to V_{2k})$, …)

$$H_1 = \tau_1^{-1} H \tau_1$$
$$H_2 = \tau_2^{-1} H \tau_2$$
$$……$$

第Ⅲ節——正規部分群あらわる

> 第Ⅲ節
>
> 定理
> 方程式に,ひとつの補助方程式のすべての根を添加するならば,定理Ⅱで議論した群の置換は同一になるであろう.
> 証明は思いつくであろう.

「証明は思いつくであろう」って,ちょっと待ってくれよ,ガロア,と思わず突っ込みを入れたくなる.

しかし素直に考えれば,これは当然の結果だと思われる.

K に r を添加した体 $K(r)$ のガロア群が H であった.H は r を変えない置換の集まりだったから,たとえば r を変えず r_1 を r_2 に変えるような置換も含まれている.

K に素数 p 次の補助方程式 $s(y)=0$ の根 $r, r_1, r_2, \cdots, r_{p-1}$ をすべて添加した $K(r, r_1, r_2, \cdots, r_{p-1})$ のガロア群を J としよう.J は $r, r_1, r_2, \cdots, r_{p-1}$ を変えない置換の集まりだ.

もとの方程式のガロア群 G と群 H,群 J の関係は次のようになる.

体 K の元――群 G の置換で不変
体 $K(r)$ の元――群 H の置換で不変
体 $K(r, r_1, r_2, \cdots, r_{p-1})$ の元――群 J の置換で不変
体 $K(V)$ の元――$\{\varepsilon\}$ で不変(つまり,ε 以外のあらゆる置換で変化する)

3 正規部分群を発見する

群の包含関係は次のようになる.

$$G \supset H \supset J \supset \{\varepsilon\}$$

では,群 J について,「定理Ⅱで議論した群の置換」の性質,つまり「順列 $(F(V))$ から順列 $(F(V'))$ に移行するためには,順列 (V) から順列 (V') に移行するのと同じ置換をほどこす必要がある」を検討してみよう. 第Ⅲ節は,この結果が全部等しくなると言っているのだ.

r_i を r_j に変える置換を τ とする. τ が $r_i \to r_j$ ならば,τ^{-1} が $r_j \to r_i$ であることに注意. $\tau^{-1} J \tau$ の任意の置換で,r がどう変化するかを考える.

① τ^{-1} で $r_j \to r_i$
② J の置換は $r, r_1, r_2, \cdots, r_{p-1}$ を変えないので $r_i \to r_i$
③ τ で $r_i \to r_j$

したがって $\tau^{-1} J \tau$ は任意の r_j を変えない置換の集まりであり

$$\tau^{-1} J \tau \supset J$$

また J の元 θ と $\tau^{-1} J \tau$ の元 $\tau^{-1} \theta \tau$ は明らかに 1 対 1 対応をしている.

$$\therefore \tau^{-1} J \tau = J$$

このように,ある群 G の部分群 H が,G のすべての元に対して

$$\tau^{-1} H \tau = H$$

という関係が成り立つとき,H を**正規部分群**という.

この式は左から τ をかけると

$$\tau\tau^{-1}H\tau = \tau H \quad \rightarrow \quad H\tau = \tau H$$

となる．つまり H は G のすべての元と交換法則が成り立つ．言うまでもないことだが，H の元ひとつひとつが他の元と交換可能だというわけではない．H というまとまりがそうだという意味だ．

また $\tau^{-1}=\nu$ とすると，$\tau=\nu^{-1}$ なので，

$$\tau^{-1}H\tau = \nu H\nu^{-1}$$

したがって正規部分群の定義として，次の3つの式は同じことを意味している．

$$\tau^{-1}H\tau = H, \quad H\tau = \tau H, \quad \tau H\tau^{-1} = H$$

たとえば，3次対称群 S_3 は次の元からなる．

$$S_3 = \{\varepsilon,\ (1\ 2),\ (1\ 3),\ (2\ 3),\ (1\ 2\ 3),\ (1\ 3\ 2)\}$$

これに対して $H=\{\varepsilon, (1\ 2\ 3), (1\ 3\ 2)\}$ は正規部分群になる．ひとつひとつの元に対し，左から $(1\ 2)^{-1}$，右から $(1\ 2)$ をかけてみよう．

$$(1\ 2)^{-1}\varepsilon(1\ 2) = \varepsilon$$
$$(1\ 2)^{-1}(1\ 2\ 3)(1\ 2) = (1\ 3)(1\ 2) = (1\ 3\ 2)$$
$$(1\ 2)^{-1}(1\ 3\ 2)(1\ 2) = (2\ 3)(1\ 2) = (1\ 2\ 3)$$

$(1\ 2\ 3)$ と $(1\ 3\ 2)$ は入れ替わるが，H としては変化しない．

当然だが，すべての元について交換法則が成り立つ可換群では，あらゆる部分群が正規部分群となる．

また ε は，任意の置換 τ について

$$\tau^{-1}\varepsilon\tau = \tau^{-1}\tau = \varepsilon$$

がなりたつので，すべての置換群の正規部分群となっている．

ガロアはここで正規部分群の存在を示した．しかしそれに名前を与えようとはしなかった．

弟子の子路に，政治を任されたら最初に何をやるのか，と問われた孔子は，まずは正名——名を正す——からはじめる，とこたえた．そして，先生はいつもまわりくどい方法をとる，とまぜかえす子路に対し，孔子は正名の大切さをくどくどと言い聞かす．

孔子は政治について語っているのだが，事物を理解する上でも新しい概念に正しい名を与えることは非常に重要な意味をもっている．

17歳のガロアはその必要性を感じていなかったようだ．しかし20歳のガロアは違っていた．

第Ⅳ節——さらに歩をすすめて

> 第Ⅳ節
>
> 定理
>
> ひとつの方程式に，その根の有理式の値を添加すれば，その方程式の群は，この有理式を不変にする順列以外は含まないように，小さくなる．
>
> 実際，第Ⅰ節によれば，既知の有理式は方程式の群の置換で不変でなければならない．

第II節や第III節とは異なり，ここでは補助方程式や，ガロア方程式の因数分解の様子などが語られることはない．ただ「根の有理式の値」を添加する，とあるだけだ．

　係数体 K に根のある有理式 r を添加したときに，縮小した群が $K(r)$ のガロア群であることを確かめよう．

　ガロア群とは，

　(1) ガロア群の置換で不変 → 体 K の元

　(2) 体 K の元 → ガロア群の置換で不変

という条件を満たす群だった．係数体 K を拡大した $K(r)$ のガロア群もまったく同じ条件を満たす．つまり，ガロア群の置換で不変なら体 $K(r)$ の元であり，体 $K(r)$ の元ならガロア群の置換で不変なのである．

　ガロアが示したのは，「この有理式を不変にする順列以外は含まない」群だ．そこで，r を不変にする最小の群を H としよう．(2)の条件の方が簡単なので，(2)からはじめる．

　[(2)「体 $K(r)$ の元 → H で不変」の証明]

　　　体 $K(r)$ の元はすべて r の多項式であらわされる．H は r を変化させない．したがって体 $K(r)$ の元は H で不変．■

　(1)を考える前に，補題IIIを振り返ることにしよう．

　補題IIIのもとになったラグランジュの定理は，「重根をもたない方程式(係数体を K とする)の根 $a, b, c, \cdots$ の有理式 A, B について，A を不変にするすべての置換で B が不変ならば，B は A の K 上の有理式であらわされる」というものだった．

　ちょっと見ただけでは，補題IIIとはまったく違う定理のように見えるが，そうではない．補題IIIで V は，$a, b, c, \cdots$ のあらゆる置換で値が変化する式だった．したがって，V を不変とする置換と

は単位置換だけであり,当然 $a, b, c, \cdots$ の順序を変えない.だからラグランジュの定理により,$a, b, c, \cdots$ は V の有理式であらわされる.

ガロアの証明も,ポイントは V が $a, b, c, \cdots$ のあらゆる置換で変化するという点にあった.だから条件をラグランジュの定理のように変えても,そのまま成立する.

ではここで補題Ⅲ(ラグランジュの定理)を使おう.

[(1)「H で不変 → 体 $K(r)$ の元」の証明]

r を不変とするすべての置換とは H のことである.したがって,H で不変な元は r の有理式であらわされる.ゆえに,その元は $K(r)$ に含まれる.■

第Ⅳ節は,方程式にその根のある有理式の値を添加すると,その値を不変とするところまで群が縮小すると述べている.体 $K(r)$ には群 H が対応していると主張しているのだ.ここから,現代のガロア理論の中心にあるガロアの対応定理まではあと一歩ではないだろうか.

ガロアの対応定理

体 K とその代数的拡大体 $K(V)$ についての定理だ.体 K のガロア群を G とする.体 $K(V)$ のガロア群は ε だけだ.

このとき,体 K と体 $K(V)$ に中間体 $K(r)$ があれば,それに対応する G の部分群 H が存在し,また G の部分群 H が存在すれば中間体 $K(r)$ が存在する.

この場合,部分群 H と中間体 $K(r)$ は次の関係を保つ.

$$H \text{ の置換で不変} \leftrightarrow K(r) \text{ の元}$$

つまり,体と群が 1 対 1 に対応する.

実例3の方程式で，体と群の1対1対応を見ていこう．

方程式 $x^3+3x-2=0$ の3根を a, b, c とすると，

$$a = s+t, \quad b = \omega s+\omega^2 t, \quad c = \omega^2 s+\omega t$$

ただし $s=\sqrt[3]{1+\sqrt{2}}$, $t=\sqrt[3]{1-\sqrt{2}}$.

$V=a+\omega b+\omega^2 c$ とすると，ガロア方程式は $x^6-54x^3-729=0$.

ガロア群は3次対称群 S_3．それぞれの置換に対応する V は次の通り．

$\varepsilon \to V = 3t,$　　　　　$(2\ 3) \to V_1 = 3s,$　　　$(1\ 2) \to V_2 = 3\omega s,$
$(1\ 2\ 3) \to V_3 = 3\omega^2 t,$ $(1\ 3\ 2) \to V_4 = 3\omega t,$ $(1\ 3) \to V_5 = 3\omega^2 s$

S_3 の位数(元の個数)は6．部分群の位数は全体の群の位数の約数なので，2と3の場合だけ考えればよい．

・位数2の部分群：$\{\varepsilon,\ (1\ 2)\}$, $\{\varepsilon,\ (1\ 3)\}$, $\{\varepsilon,\ (2\ 3)\}$
・位数3の部分群：$\{\varepsilon,\ (1\ 2\ 3),\ (1\ 3\ 2)\}$

中間体に添加される値を求めるには，部分群のすべての置換で不変で，他の置換では変化するものをとればよい．具体的な方法について，ガロアは第V節で「そのためには，すべての置換で異なる値をとる有理式を選び，その部分群の置換によって得られる異なる値の対称式を選べば十分である」(p.133)と述べている．V が「すべての置換で異なる値をとる有理式」だ．また対称式は基本対称式の有理式となるので，基本対称式の値をすべて添加すればいい．

では具体的にやっていこう．係数体 K には1でない1の3乗根である ω が含まれているとする．$st=-1$ に注意．

・$\{\varepsilon,\ (1\ 2)\}$　　$V+V_2=3(\omega s+t),\quad VV_2=-9\omega$
　　　中間体は $K(\omega s+t)$

- $\{\varepsilon,\ (1\ 3)\}$ $V+V_5=3(\omega^2 s+t),\ VV_5=-9\omega^2$
    中間体は $K(\omega^2 s+t)$
- $\{\varepsilon,\ (2\ 3)\}$ $V+V_1=3(s+t),\ VV_2=-9$
    中間体は $K(s+t)$
- $\{\varepsilon,\ (1\ 2\ 3),\ (1\ 3\ 2)\}$

$$V+V_3+V_4 = 3t(1+\omega+\omega^2) = 0$$
$$VV_3+V_3V_4+V_4V = 9t^2(1+\omega+\omega^2) = 0$$
$$VV_3V_4 = 27t^3 = 27(1-\sqrt{2})$$

中間体は $K(\sqrt{2})$

図であらわしておく.

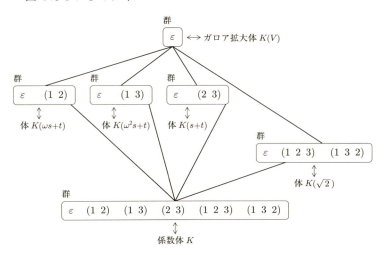

この部分群のうち,正規部分群は $\{\varepsilon,\ (1\ 2\ 3),\ (1\ 3\ 2)\}$ だけである.そして実際,$K(\omega s+t)$,$K(\omega^2 s+t)$,$K(s+t)$ 上ではガロア方程式の因数分解は不可能だが,$K(\sqrt{2})$ 上では,次のように因数分

解される.

$$x^6-54x^3-729=0 \quad \to \quad (x^3-27+27\sqrt{2})(x^3-27-27\sqrt{2})=0$$

もう少し見ていこう.

$$s+t=a$$

なので,

$$K(s+t)=K(a)$$

また $\omega s+t$ に ω をかけると

$$\omega^2 s+t\omega=c$$

となるので,

$$K(\omega s+t)=K(c)$$

$\omega^2 s+t$ に ω^2 をかけると

$$\omega^4 s+t\omega^2=\omega s+\omega^2 t=b$$

となるので,

$$K(\omega^2 s+t)=K(b)$$

つまり,$K(\omega s+t)$, $K(\omega^2 s+t)$, $K(s+t)$ は K にもとの方程式の根をひとつずつ添加したものなのだが,これでは対応する群が正規部分群にはならない.

ガロアは,対応する群が正規部分群になるのは「ひとつの補助方程式のすべての根を添加する」ときであると言っている.a の共役

は b, c であり，これらをすべて添加すると，体は $K(a, b, c)$ にまで拡大し，もとの方程式もガロア方程式も1次式にまで因数分解する．この場合の対応する群は $\{\varepsilon\}$ であり，$\{\varepsilon\}$ は確かに正規部分群だ．しかし方程式を解くためには何の役にも立たない．

第II節，第III節の内容を整理すると次のようになる．

> **定理 B**
>
> 補助方程式の根 r の添加によりガロア方程式の因数分解が可能になったとする．このとき，補助方程式の根を $r, r_1, r_2, \cdots$ とすると，
>
> $K(r, r_1, r_2, \cdots)$ のガロア群は K のガロア群の正規部分群である．

同様に第IV節の内容はこうなる．

> **定理 C**
>
> 中間体 $K(r)$ の存在 $\to K(r)$ の元を不変とする部分群 H の存在

非常に難解であった第II，III節は，正規部分群発見の過程であると言うこともできる．しかしそこに正規部分群が存在するということがわかっていれば，もっと簡単に第II節の結論を導くことができる．

ただしその前に，正規部分群を定義しておく必要がある．

正規部分群を定義する

死の前日,親友のシュバリエにあてて書いた遺書の中で,ガロアは次のように語っている.

> 第1論文の定理IIとIIIによれば,方程式に補助方程式の根のひとつを添加する場合と,すべての根を添加する場合に,大きな違いがあることがわかる.
>
> どちらの場合も,方程式の群は添加により,同じ置換によって互いに移行する群へと分解する.しかしこれらの群が同じ置換を含むという条件は,第2の場合にしか成立しない.これは固有分解と呼ばれている.
>
> 別の言葉で説明しよう.群 G が異なる群 H を含むとき,群 G は次のように,群 H に同じ置換をほどこしたものに分解する.
>
> $$G = H+HS+HS'+\cdots$$
>
> 同様にして次のように同じ置換をほどこしたものへも分解しうる.
>
> $$G = H+TH+T'H+\cdots$$
>
> これらふたつの分解は普通は一致しない.これらの分解が一致するとき,この分解は固有分解と呼ばれる.

ガロアの言う「分解」をやってみよう.

一般の4次方程式のガロア群は,4次対称群 S_4 であり,その元

3 正規部分群を発見する

は24個ある．

$$
\begin{aligned}
S_4 = \{ & \varepsilon,\ (1\ 2),\ (1\ 3),\ (1\ 4),\ (2\ 3),\ (2\ 4),\ (3\ 4), \\
& (1\ 2\ 3),\ (1\ 3\ 2),\ (1\ 2\ 4),\ (1\ 4\ 2),\ (1\ 3\ 4), \\
& (1\ 4\ 3),\ (2\ 3\ 4),\ (2\ 4\ 3), \\
& (1\ 2\ 3\ 4),\ (1\ 4\ 3\ 2),\ (1\ 2\ 4\ 3),\ (1\ 3\ 4\ 2), \\
& (1\ 3\ 2\ 4),\ (1\ 4\ 2\ 3), \\
& (1\ 2)(3\ 4),\ (1\ 3)(2\ 4),\ (1\ 4)(2\ 3) \}
\end{aligned}
$$

S_4 の部分群として，まず次の H について考えよう．元は6個だ．

$$H = \{\varepsilon,\ (1\ 2),\ (1\ 3),\ (2\ 3),\ (1\ 2\ 3),\ (1\ 3\ 2)\}$$

ではまず，H に含まれない置換として，$(1\ 4)$ を左からかける．

$$
(1\ 4)\begin{pmatrix} \varepsilon \\ (1\ 2) \\ (1\ 3) \\ (2\ 3) \\ (1\ 2\ 3) \\ (1\ 3\ 2) \end{pmatrix} = \begin{pmatrix} (1\ 4) \\ (1\ 4\ 2) \\ (1\ 4\ 3) \\ (1\ 4)(2\ 3) \\ (1\ 4\ 2\ 3) \\ (1\ 4\ 3\ 2) \end{pmatrix}
$$

同様にして，$(2\ 4),(3\ 4)$ を左からかけていく．整理しよう．

$S_4 = H+(1\ 4)H+(2\ 4)H+(3\ 4)H$

$$= \begin{pmatrix} \varepsilon \\ (1\ 2) \\ (1\ 3) \\ (2\ 3) \\ (1\ 2\ 3) \\ (1\ 3\ 2) \end{pmatrix} + \begin{pmatrix} (1\ 4) \\ (1\ 4\ 2) \\ (1\ 4\ 3) \\ (1\ 4)(2\ 3) \\ (1\ 4\ 2\ 3) \\ (1\ 4\ 3\ 2) \end{pmatrix} + \begin{pmatrix} (2\ 4) \\ (1\ 2\ 4) \\ (1\ 3)(2\ 4) \\ (2\ 4\ 3) \\ (1\ 2\ 4\ 3) \\ (1\ 3\ 2\ 4) \end{pmatrix}$$

$$+ \begin{pmatrix} (3\ 4) \\ (1\ 2)(3\ 4) \\ (1\ 3\ 4) \\ (2\ 3\ 4) \\ (1\ 2\ 3\ 4) \\ (1\ 3\ 4\ 2) \end{pmatrix}$$

では今度は右からかけていこう.

$S_4 = H+H(1\ 4)+H(2\ 4)+H(3\ 4)$

$$= \begin{pmatrix} \varepsilon \\ (1\ 2) \\ (1\ 3) \\ (2\ 3) \\ (1\ 2\ 3) \\ (1\ 3\ 2) \end{pmatrix} + \begin{pmatrix} (1\ 4) \\ (1\ 2\ 4) \\ (1\ 3\ 4) \\ (1\ 4)(2\ 3) \\ (1\ 2\ 3\ 4) \\ (1\ 3\ 2\ 4) \end{pmatrix} + \begin{pmatrix} (2\ 4) \\ (1\ 4\ 2) \\ (1\ 3)(2\ 4) \\ (2\ 3\ 4) \\ (1\ 4\ 2\ 3) \\ (1\ 3\ 4\ 2) \end{pmatrix}$$

$$+\begin{pmatrix} (3\ 4) \\ (1\ 2)(3\ 4) \\ (1\ 4\ 3) \\ (2\ 4\ 3) \\ (1\ 2\ 4\ 3) \\ (1\ 4\ 3\ 2) \end{pmatrix}$$

左からかけた場合と，右からかけた場合とでは，結果が異なる．したがってこれは「固有分解」ではない．

では次に，S_4 の部分群 $I = \{\varepsilon, (1\ 2)(3\ 4), (1\ 3)(2\ 4), (1\ 4)(2\ 3)\}$ について実行してみよう．同じように，出てきていない置換を左からかけていく．

$$S_4 = I + (1\ 2)I + (1\ 3)I + (1\ 4)I + (1\ 2\ 3)I + (1\ 2\ 4)I$$

$$= \begin{pmatrix} \varepsilon \\ (1\ 2)(3\ 4) \\ (1\ 3)(2\ 4) \\ (1\ 4)(2\ 3) \end{pmatrix} + \begin{pmatrix} (1\ 2) \\ (3\ 4) \\ (1\ 4\ 2\ 3) \\ (1\ 3\ 2\ 4) \end{pmatrix} + \begin{pmatrix} (1\ 3) \\ (1\ 4\ 3\ 2) \\ (2\ 4) \\ (1\ 2\ 3\ 4) \end{pmatrix}$$

$$+ \begin{pmatrix} (1\ 4) \\ (1\ 3\ 4\ 2) \\ (1\ 2\ 4\ 3) \\ (2\ 3) \end{pmatrix} + \begin{pmatrix} (1\ 2\ 3) \\ (2\ 4\ 3) \\ (1\ 4\ 2) \\ (1\ 3\ 4) \end{pmatrix} + \begin{pmatrix} (1\ 2\ 4) \\ (2\ 3\ 4) \\ (1\ 4\ 3) \\ (1\ 3\ 2) \end{pmatrix}$$

では今度は右からかける．

$$S_4 = I + I(1\ 2) + I(1\ 3) + I(1\ 4) + I(1\ 2\ 3) + I(1\ 2\ 4)$$

$$= \begin{pmatrix} \varepsilon \\ (1\ 2)(3\ 4) \\ (1\ 3)(2\ 4) \\ (1\ 4)(2\ 3) \end{pmatrix} + \begin{pmatrix} (1\ 2) \\ (3\ 4) \\ (1\ 3\ 2\ 4) \\ (1\ 4\ 2\ 3) \end{pmatrix} + \begin{pmatrix} (1\ 3) \\ (1\ 2\ 3\ 4) \\ (2\ 4) \\ (1\ 4\ 3\ 2) \end{pmatrix}$$

$$+ \begin{pmatrix} (1\ 4) \\ (1\ 2\ 4\ 3) \\ (1\ 3\ 4\ 2) \\ (2\ 3) \end{pmatrix} + \begin{pmatrix} (1\ 2\ 3) \\ (1\ 3\ 4) \\ (2\ 4\ 3) \\ (1\ 4\ 2) \end{pmatrix} + \begin{pmatrix} (1\ 2\ 4) \\ (1\ 4\ 3) \\ (1\ 3\ 2) \\ (2\ 3\ 4) \end{pmatrix}$$

順番は違っているが,分割された置換の中身は同一だ.ガロアはこれを「固有分解」と命名したのだが,固有分解という言葉は一般化しなかった.

現在,このように分解したそれぞれのまとまりを**剰余類**と呼んでいる.左から置換をかけて分解したものを左剰余類,右からかけて分解したものを右剰余類という.言うまでもないことだが,分解のタネになる部分群以外の剰余類は群ではない.単位置換を含んでいるのがその部分群だけだということからも明らかだろう.

分解するタネになる部分群 H が正規部分群なら,すべての τ に対して $\tau H = H\tau$ なので,当然,左剰余類と右剰余類が一致する.

逆に,左剰余類と右剰余類が一致すれば,H は正規部分群だと言えるのだろうか.

$\tau H = H\nu$ のとき,$\tau H = H\tau$ と言えるのかどうか確かめてみよう.

[証明]

$\tau H = H\nu$ と仮定する.

τH は τ を含む(H は群なので必ず単位元を含んでいるから). $\tau H = H\nu$ だから $H\nu$ の中にも τ と等しい元がある. それを $\alpha\nu$ としよう(α は H の元). すると,

$$\tau = \alpha\nu \quad \rightarrow \quad \alpha^{-1}\tau = \nu$$

$H\nu$ の任意の元 $\beta\nu$ に対して(β は H の元)

$\beta\nu = \beta\alpha^{-1}\tau, \quad \beta\alpha^{-1} \in H$ だから $\beta\nu \in H\tau \quad \therefore \ H\nu \subset H\tau$

$H\tau$ の任意の元 $\gamma\tau$ に対して(γ は H の元)

　$\gamma\tau = \gamma\alpha\nu, \quad \gamma\alpha \in H$ だから $\gamma\tau \in H\nu \quad \therefore \ H\tau \subset H\nu$

したがって

$$H\nu = H\tau \quad \therefore \ \tau H = H\tau \quad \blacksquare$$

つまり,

　　H による右剰余類と左剰余類が一致 $\leftrightarrow$ H は正規部分群

ということになる.

　正規部分群の剰余類は, おもしろいことに群をなす. たとえば aH と bH をかけると,

$$\begin{aligned}aHbH &= abHH \quad \because \ Hb = bH \\ &= cH \quad \because \ a も b も G の元なので ab=c という \\ & \qquad\quad\ 元が存在する.\end{aligned}$$

となり, 閉じている. $H = \varepsilon H$ が単位元で, aH の逆元は $a^{-1}H$ だ. この群を**剰余類群**という.

剰余類群という言葉を知らなくても，多くの人は剰余類群と親しくおつきあいしている．素数 p の倍数を除く整数全体の集合を G とし，p で割ったあまりが 1 である集合を H とする．すると G の元はかけ算で群をなし，H によって次のように剰余類分解される．

$$G = H + 2H + 3H + \cdots + (p-1)H$$

この剰余類がまた群になるのだ．たとえば $p=7$ の場合

$$3H \times 4H = 3 \times 4HH = 12H = 5H$$

普通は H を省略し，次のように = のかわりに $\equiv$ を用いて書いているわけだ．

$$3 \times 4 \equiv 12 \equiv 5$$

また特に，部分群の位数が全体の群の位数の半分のときは，必ず正規部分群となる．

［証明］

G の部分群 H の位数が G の位数の半分だったとする．G を剰余類に分解する．

$$G = H + \alpha H = H + H\beta$$

αH と $H\beta$ は G から H の置換を取り除いたものなので

$$\alpha H = H\beta$$

右剰余類分解と左剰余類分解が一致するので，H は正規部分群である．■

シュバリエへの手紙に書かれていた内容の引用した部分は，正

規部分群の定義になっている．現代では普通，「群 H が群 G に含まれているとき，G の任意の元 τ に対して $\tau^{-1}H\tau=H$（$H\tau=\tau H$，あるいは $\tau H\tau^{-1}=H$，としても同じ）」を正規部分群の定義としているが，そのような記号法が考え出されていなかった時代にあっては，簡潔な定義であると言えよう．

さらにガロアは，正規部分群そのものではないが，正規部分群が生じる分解を固有分解と命名している．「正名」を行ったのだ．

ガロアは，新しく発見した概念を定義し，名前を与えることによって，議論が明確となることを自覚していたのではないだろうか．

繰り返しになるが，第Ⅱ節，第Ⅲ節は正規部分群の発見の過程だった．しかし正規部分群がどのようなものであるかがわかっていれば，議論はもっと簡単になる．

現代的な記号法で，第Ⅱ節の結論を導いてみよう．

$H_1=\tau_1^{-1}H\tau_1$ を示す．

ただし，r を動かさないすべての置換の群を H，r_1 を動かさないすべての置換の群を H_1，r_2 を動かさないすべての置換の群を H_2，…とする．

r に σ を作用させることを $\sigma(r)$ と表記したが，この表記法だと $\sigma\tau(r)$ が，τ，σ の順に作用させることになるのでちょっと具合が悪い．$\tau(\sigma(r))$ と表記すればいいのだが，これが三重になると見苦しい．

もうひとつ $r^{\sigma\tau}$ という表記法もある．これなら σ，τ の順に作用させることになるので何の問題もない．ここではこの表記法を使うことにしよう．

［証明］

H の任意の元 σ に対して，$\tau_1^{-1}\sigma\tau_1$ を r_1 に作用させる．

$$r_1^{\tau_1^{-1}\sigma\tau_1} = r^{\sigma\tau_1} \quad \because \tau_1^{-1} \text{ は } r_1 \text{ を } r \text{ に変える}$$
$$= r^{\tau_1} \quad \because \sigma \text{ は } r \text{ を変えない}$$
$$= r_1 \quad \because \tau_1 \text{ は } r \text{ を } r_1 \text{ に変える}$$

したがって $\tau_1^{-1}\sigma\tau_1$ は r_1 を変えない.

$$\therefore \tau_1^{-1}\sigma\tau_1 \in H_1 \quad \to \quad \tau_1^{-1}H\tau_1 \subset H_1 \quad \cdots\cdots ①$$

H_1 の任意の元 θ に対して,$\tau_1\theta\tau_1^{-1}$ を r に作用させる.

$$r^{\tau_1\theta\tau_1^{-1}} = r_1^{\theta\tau_1^{-1}} \quad \because \tau_1 \text{ は } r \text{ を } r_1 \text{ に変える}$$
$$= r_1^{\tau_1^{-1}} \quad \because \theta \text{ は } r_1 \text{ を変えない}$$
$$= r \quad \because \tau_1^{-1} \text{ は } r_1 \text{ を } r \text{ に変える}$$

したがって $\tau_1\theta\tau_1^{-1}$ は r を変えない.

$$\therefore \tau_1\theta\tau_1^{-1} \in H \quad \text{両辺に左から } \tau_1^{-1}, \text{ 右から } \tau_1 \text{ をかける}$$
$$\to \tau_1^{-1}\tau_1\theta\tau_1^{-1}\tau_1 \in \tau_1^{-1}H\tau_1$$
$$\to \theta \in \tau_1^{-1}H\tau_1$$
$$\to H_1 \subset \tau_1^{-1}H\tau_1 \quad \cdots\cdots ②$$

①,②より,$\tau_1^{-1}H\tau_1 = H_1$. ∎

ガロアは与えられた条件をもとに正直に議論を組み立てていっているが,この証明はご覧の通り共役の関係の存在を前提として力ずくでその条件にあわせていっている.かなりズルいやり方だが,ガロアのやり方よりもずっと簡単で,わかりやすい.

定理 B, C は明快だ.これによって,補助方程式の根の添加によ

ってガロア方程式が因数分解されれば，そこには正規部分群が存在することが明らかになった．残された課題は，その因数分解を引き起こすために添加する r を累乗根で求めるための条件は何か，を探ることになる．

第V節で，ガロアはこの条件を明らかにする．いわば，第V節は第1論文の華だ．

> **コラム3　ガロアとコーシー（1789-1857）**
>
> 　コーシーの定理と名付けられている定理はたくさんあり，積分の定理や平均値の定理が特に有名だ．コーシーは，ガロアが第1論文を書いたころにはすでにフランス数学界の重鎮となっており，ガロアの死後も長く活動を続けた数学者だ．多岐にわたる活躍から，「フランスのガウス」と呼ばれることもある．現代数学を学ぶ者の中で，「コーシーの…」と名付けられた数多くの彼の業績のお世話にならない人はいないはずだ．
>
> 　政治的にはかなり極端な王党派で，過激な共和派だったガロアとは正反対の位置にある．またアーベルとガロアの論文の審査を引き受けながら，その論文を紛失してしまい，全世界のアーベル・ファンやガロア・ファンにとっては悪のラスボス的な存在となっている．
>
> 　実際，自信をもって提出した「パリ論文」を無視されたアーベルは失意のうちにオスロに帰り，経済的な理由から愛するクリスティンとの結婚を延期したまま，貧困のなか窮死してしまうのである．
>
> 　しかしガロアについてはちょっと事情が異なるらしい．加藤文元著の『ガロア』によれば，コーシーはガロアの論文を高く評価し，何とかガロアを応援しようとしていたという．もしかしたら，ガロアが生きていたときにガロアを理解した唯一の数学者であっ

たのかもしれない．
　運命はガロアに残酷だった．フランス七月革命後の混乱の中でコーシーは亡命を余儀なくされ，政情が落ち着き，コーシーが帰国したのはガロアが死んだあとだった．

4 　方程式が解けるのはどのような場合か
第 V 節では中心的な定理が簡潔に，しかも補足の必要もないほどやさしく述べられていた

第V節は非常にわかりやすく，付け加えることはあまりない．まずはガロアの声に耳を傾けることにしよう．

第V節

問題．方程式が単純累乗根で解けるのはどのような場合なのか？

まず次の点を注意しておく．方程式を解くということは，方程式の群がただひとつの順列しか含まないところまで縮小しなければならないことを意味している．なぜなら，方程式が解けた場合，根の任意の式が，ある置換によって不変でない場合であっても，既知となるからである．

そこで，累乗根の添加によって群がこのように縮小するためには，方程式の群がどのような条件を満たすのか，を考えることにしよう．

素数次の累乗根を求める演算をそれぞれ異なるものと考えながら，この解法での可能な演算の順序を見ていくことにしよう．

解の中にある最初の累乗根を方程式に添加せよ．すると，ふ

> たつのことが起こりうる．この累乗根の添加によって方程式
> の順列の群が縮小するか，あるいはこの累乗根を求めることは
> 単なる準備に過ぎず，群はもとのままであるか，どちらかであ
> る．
>
> 　しかし累乗根を有限回求めることによって群は必ず縮小す
> る．そうでなければ方程式は解けないからだ．

文中の単純累乗根とは，指数が素数の累乗根のことだ．

方程式を解くということは，方程式の群を縮小させることだと述べている．実際，方程式が解ければ，

$$a = \cdots, \quad b = \cdots, \quad c = \cdots, \quad \cdots\cdots$$

という式が得られるが，これは明らかに，あらゆる根の置換で変化してしまう．これらの式が成立するためには，群が単位元だけの群にまで縮小する必要があるわけだ．

> 　ここで，単純累乗根を求めることによって与えられた方程式
> の群を縮小する方法がいくつかある場合，群を縮小しうるすべ
> ての単純累乗根の中で可能なもっとも低次のもののみを考察す
> る，と述べておく必要があるだろう．
>
> 　p を，この最低次の次数をあらわす素数とせよ．つまり p 次
> の累乗根を求めることによって，方程式の群を縮小できるとする．
>
> 　少なくとも方程式の群について考察する場合，1 の p 乗根 α
> は既に方程式に添加されていると考えることができる．なぜ
> なら，α は p よりも低い次数の累乗根によって求めることがで
> き，また α を知ることによって方程式の群が影響されること
> はないからである．

1のp乗根は$x^p=1$という方程式を解けば求まる．この方程式は前述（p.25）したように

$$(x-1)(x^{p-1}+x^{p-2}+\cdots+1) = 0$$

と因数分解されるので，$p-1$次方程式に帰着される．したがってpより低い次数の累乗根を求めることで得られる．

> したがって，定理IIとIIIによって，方程式の群は互いに次のふたつの性質を満たすp個の群に分解する．(1)同じ置換をほどこすことによってひとつの群から他の群に移行できる．(2)どの群も同じ置換を含む．
>
> 逆に，方程式の群をこのふたつの性質を満足するp個の群に分解することが可能ならば，p乗根を求め，それを添加することによって，方程式の群をこれらの部分群のひとつに縮小することができると言える．

p個の群に分かれる，とは，前の記号をそのまま使えば，rを動かさない群H，r_1を動かさない群$H_1, \cdots$ということであろう．(1)は$\tau_1^{-1}H\tau_1=H_1,\cdots$を意味し，(2)は$\tau^{-1}H\tau=H$を意味している．

> その部分群の置換では不変で，その他のすべての置換では変化する根の有理式をとろう．（そのためには，すべての置換で異なる値をとる有理式を選び，その部分群の置換によって得られる異なる値の対称式を選べば十分である）

これまで大活躍してきた式Vが，すべての置換で異なる値をとる有理式の例だ．

p.79 でガロア群をつくった実例 3 を使って，このような有理式をつくってみよう．置換と V との関係は次のようになる．

$\varepsilon \to V$, $(2\ 3) \to V_1$, $(1\ 2) \to V_2$, $(1\ 2\ 3) \to V_3$, $(1\ 3\ 2) \to V_4$, $(1\ 3) \to V_5$

「その部分群」を $H = \{\varepsilon,\ (1\ 2\ 3),\ (1\ 3\ 2)\}$ とする．

「その部分群の置換によって得られる異なる値」は V, V_3, V_4 なので，その対称式としてもっとも簡単な次の式を θ としよう．

$$\theta = V + V_3 + V_4$$

θ が H の置換で変化しないことは明らかだ．その他の置換では次のようにすべて θ_1 に変化する．

$$(2\ 3): \theta \to V_1 + V_5 + V_2 = \theta_1$$
$$(1\ 2): \theta \to V_2 + V_1 + V_5 = \theta_1$$
$$(1\ 3): \theta \to V_5 + V_2 + V_1 = \theta_1$$

> θ を，そのような根の有理式としよう．
>
> θ に，全体の群に含まれているが，その部分群に含まれていない置換をほどこせ．その結果を θ_1 としよう．さらに θ_1 に同じ置換をほどこし，その結果を θ_2 とする．以下同様．
>
> p は素数なので，この列は θ_{p-1} で終わり，その後は $\theta_p = \theta$, $\theta_{p+1} = \theta_1$ と続く．

θ は H で変わらない．言うまでもないことだが，H は $\theta_1 \sim \theta_{p-1}$ も変えない．

θ を θ_i に変える置換を τ_i としよう．θ_i に H を作用させるとい

うことは，θ に τ_i を作用させてからさらに H を作用させることと同じだ．ところが，

$$\tau_i H = H \tau_i$$

なので，θ に H を作用させてから τ_i を作用させたときと同じことになる．この場合，まず H で θ は変化せず，τ_i で θ は θ_i に変わる．つまり θ_i は変わらない．

H が正規部分群でない部分群であるときは，ここが崩れ，θ_i が変化してしまうのである．

τ_i を上のように定めると，G は次のように右剰余類分解される．

$$G = H + H\tau_1 + H\tau_2 + \cdots + H\tau_{p-1}$$

H は θ を動かさないので，$H\tau_k$ に含まれる置換はすべて θ を θ_k に変える．つまり θ を相手にするとき，$H\tau_k$ は全体としてひとつの置換のように働く．剰余類群になっているのである．

この剰余類群には $H, H\tau_1, H\tau_2, \cdots, H\tau_{p-1}$ の p 個の元がある．

言い換えると，この剰余類群の位数は素数 p である．コーシーの定理①により，この群は

$$(1\ 2\ 3\ \cdots\ p)$$

を生成元とする巡回群だ．

コーシーの定理①の説明も兼ねて，少し詳しく説明しよう．

部分群の位数は全体の群の位数の約数である，という定理を思いだしてほしい．位数が素数であれば，自明でない部分群は存在しない．

θ に τ_1 をほどこすと θ_1 となる．さらに続けて θ_1 に τ_1 をほどこすとどうなるであろうか．

τ_1 が θ_1 を変えないと仮定すると，当然 τ_1^{-1} も θ_1 を変えない．すると $\tau_1 \tau_1^{-1}$ は，θ を θ_1 に変え，θ_1 を変えないので，結局 $\theta \to \theta_1$ となる．しかし $\tau_1 \tau_1^{-1} = \varepsilon$ なのでこれは矛盾．したがって θ_1 は変化する．

θ_1 が θ に戻った場合は，$\tau_1^2 = \varepsilon$ となり，$\{\varepsilon, \tau_1\}$ が部分群となるが，p が素数なのでこれもありえない．したがって θ_1 は θ でも θ_1 でもないものとなるが，それを θ_2 としよう．以下同様にして，τ_1 をほどこすたびに θ は $\theta_1, \theta_2, \theta_3, \cdots$，と変わっていき，$p$ 回ほどこしたときにまた θ に戻るというわけである．

τ_1 を 2 回続けてほどこせば，θ が θ_2 に変わる．つまり $\tau_2 = \tau_1^2$ だ．同様にして，

$$\tau_2 = \tau_1^2, \quad \tau_3 = \tau_1^3, \quad \tau_4 = \tau_1^4, \quad \cdots, \quad \tau_{p-1} = \tau_1^{p-1}$$

そして $\tau_1^p = \varepsilon$ である．つまりこの群は，$\tau_1 H$ を累乗していけばすべての元が出てくる巡回群である．

また τ_1 は $\theta \to \theta_1, \theta_1 \to \theta_2, \cdots, \theta_{p-1} \to \theta$ と変化させるので，その置換の様子は次のようになる．

$$\tau_1 = \begin{pmatrix} \theta & \theta_1 & \theta_2 & \cdots & \theta_{p-1} \\ \theta_1 & \theta_2 & \theta_3 & \cdots & \theta \end{pmatrix}$$

そこで，式

$$(\theta + \alpha \theta_1 + \alpha^2 \theta_2 + \cdots + \alpha^{p-1} \theta_{p-1})^p$$

は全体の群に含まれるすべての置換で不変であり，したがって既知となる.

このカッコの中の式はラグランジュの分解式だ.

この瞬間が，ラグランジュの分解式の，一世一代の晴れ舞台なのである.

この奇妙な式の $\theta, \theta_1, \theta_2, \cdots$ をこの順番でぐるぐる回してみよう．式全体の様子は変わらず，ただ α の何乗かだけが変化するだけなのだ．$\alpha^p=1$ なので，結局この式の p 乗の値は変わらない，ということになる.

たとえば，この式を E とし，E^p に τ_1 をほどこしてみよう.

$$\begin{aligned} E^p &= (\theta+\alpha\theta_1+\alpha^2\theta_2+\cdots+\alpha^{p-1}\theta_{p-1})^p \\ &\to (\theta_1+\alpha\theta_2+\alpha^2\theta_3+\cdots+\alpha^{p-1}\theta)^p \\ &= \left(\frac{1}{\alpha}(\alpha\theta_1+\alpha^2\theta_2+\alpha^3\theta_3+\cdots+\theta)\right)^p \qquad \because \alpha^p = 1 \\ &= (\theta+\alpha\theta_1+\alpha^2\theta_2+\cdots+\alpha^{p-1}\theta_{p-1})^p \end{aligned}$$

このように，この式は τ_1 によって変化しないのだ．したがって τ_1 を何乗したもので置換しても変化しない．だからすべての置換で変化しない.

ガロア群の置換で変化しない元は，その体の元だった．つまりこの式の値を求めることは可能だ.

この式の p 乗根を求め，それを方程式に添加すれば，定理Ⅳによって，方程式の群はその部分群の置換以外の置換は含まないであろう.

したがって，方程式の群が単純累乗根によって縮小されるた

> めには，上記の条件が必要かつ十分である．
>
> 　方程式に問題となっている累乗根を添加せよ．前の群についてと同じことが新しい群についても言えるだろう．そしてそれは同じように分解していき，以下同様．最後はただひとつの置換しか含まない群に達するであろう．

「上記の条件」とは，ガロア群に正規部分群が存在し，その剰余類群の位数が素数だ，ということである．

ガロア群にこの条件にあう正規部分群が存在した場合，上記のようにしてラグランジュの分解式 E をつくれば，E^p はこの正規部分群で不変，つまり「有理的」であり，求めることができる．その p 乗根，E をもとの体に添加すれば，ガロア群は「この有理式を不変にする順列以外は含まないように，小さくなる」（定理Ⅳ）．

かくしてガロア群がその正規部分群にまで縮小するのである．

2次方程式について確かめてみよう．2次方程式のガロア群は S_2 であり，その位数は2だ．これに対しては ε が正規部分群になる．

$S_2=\{\varepsilon,\ (1\ 2)\}$ なので，

$$S_2 = \varepsilon + (1\ 2)\varepsilon$$

となり，剰余類群の位数は2となる．したがって2次方程式は2乗根を求めることで解ける．

一般の3次方程式のガロア群は S_3 でその位数は6だ．この正規部分群は p.117 で述べたとおり，$\{\varepsilon,\ (1\ 2\ 3),\ (1\ 3\ 2)\}$ なので，これを H とすると

$$S_3 = H + (1\ 2)H$$

となり，剰余類群の位数は2だ．だから2乗根を添加すると S_3 は H にまで縮小する．

H の正規部分群は ε で，

$$H = \varepsilon + (1\ 2\ 3)\varepsilon + (1\ 3\ 2)\varepsilon$$

となり，剰余類群の位数は3なので，次に3乗根を添加すると，H は ε にまで縮小する．

結論として，一般の3次方程式は，最初に2乗根を求め，次に3乗根を求めることで解ける．実例3の方程式の根が，$\sqrt{}$ の上に $\sqrt[3]{}$ が重なっているのはこのためだ．

実例2の3次方程式の場合，ガロア群は $\{\varepsilon,\ (1\ 2\ 3),\ (1\ 3\ 2)\}$ なので，その正規部分群 ε に対して

$$\{\varepsilon,\ (1\ 2\ 3),\ (1\ 3\ 2)\} = \varepsilon + (1\ 2\ 3)\varepsilon + (1\ 3\ 2)\varepsilon$$

のように剰余類分解される．だから3乗根を1度求めることで方程式は解ける．実際，実例2の方程式の根には $\sqrt[3]{}$ だけがある．

一般の4次方程式については，ガロア自身が解説している．

注

4次の一般方程式についての既知の解法についてこの過程を考察することは容易だ．実際，これらの方程式は3次方程式によって解くことができるが，その3次方程式を解くためには平方根を求める必要がある．考察の自然な流れとして，まずは平方根を求めるところからはじめなければならない．4次方程式の群，それは24の置換を含んでいるが，それに平方根を添加すると，方程式の群は12の置換を含む群に分解する．方

程式の根を a, b, c, d であらわせば，それらの群のひとつは次のようになる．

$$abcd \quad acdb \quad adbc$$
$$badc \quad cabd \quad dacb$$
$$cdab \quad dbac \quad bcad$$
$$dcba \quad bdca \quad cbda$$

この群は，定理IIとIIIによって，3つに分解する．したがって，3乗根を求めることによって，次の群が残る．

$$abcd$$
$$badc$$
$$cdab$$
$$dcba$$

この群は，今度はふたつに分解する．

$$abcd \quad cdab$$
$$badc \quad dcba$$

こうして，平方根を求めることによって，次が残る．

$$abcd$$
$$badc$$

最後に，平方根を求めることによって，解くことができる．こうして，デカルトやオイラーの解法が得られる．オイラー

の解法は3次の補助方程式を解いたあとで3つの平方根を求めることになるが,ふたつで十分であることが知られている.なぜなら,3番目の平方根はそれらによって有理的にあらわされるからである.

この条件を,素数次の既約方程式に応用してみよう.

4次の一般方程式の群は S_4 になり,そこに含まれる置換は p.121 に並べた.そこで述べたとおり,I もまた S_4 の正規部分群なのだが,剰余類群の位数が6と素数ではないので,これは使えない.最初はガロアが指摘するように,位数12の正規部分群で分解をする.ガロアが $acdb$ と書いている置換は,$a→a, b→c, c→d, d→b$ であり,巡回置換の積であらわすと $(2\ 3\ 4)$ となる.ガロアの書いた正規部分群を H とし,巡回置換の積であらわしてみよう.

$$H = \begin{pmatrix} \varepsilon & (2\ 3\ 4) & (2\ 4\ 3) \\ (1\ 2)(3\ 4) & (1\ 3\ 2) & (1\ 4\ 2) \\ (1\ 3)(2\ 4) & (1\ 4\ 3) & (1\ 2\ 3) \\ (1\ 4)(2\ 3) & (1\ 2\ 4) & (1\ 3\ 4) \end{pmatrix}$$

この正規部分群の位数は12なので,S_4 は次のような剰余類に分解される.

$$S_4 = H + (1\ 2)H$$

剰余類群の位数は2なので,最初に2乗根を求める.2乗根の添加によって,S_4 は H に縮小する.

H の正規部分群のうち最大のものを H_1 としよう.今度の剰余類群の位数は3になる.

$$H_1 = \begin{pmatrix} \varepsilon \\ (1\ 2)(3\ 4) \\ (1\ 3)(2\ 4) \\ (1\ 4)(2\ 3) \end{pmatrix}$$

$H = H_1 + H_1(2\ 3\ 4) + H_1(2\ 4\ 3)$

$$= \begin{pmatrix} \varepsilon \\ (1\ 2)(3\ 4) \\ (1\ 3)(2\ 4) \\ (1\ 4)(2\ 3) \end{pmatrix} + \begin{pmatrix} (2\ 3\ 4) \\ (1\ 3\ 2) \\ (1\ 4\ 3) \\ (1\ 2\ 4) \end{pmatrix} + \begin{pmatrix} (2\ 4\ 3) \\ (1\ 4\ 2) \\ (1\ 2\ 3) \\ (1\ 3\ 4) \end{pmatrix}$$

ガロアはこの順序で H の置換を並べ,剰余類分解を明示している.

3乗根を添加すると,H は H_1 に縮小する.

H_1 には,同じ位数の3つの正規部分群がある.

$$\{\varepsilon,\ (1\ 2)(3\ 4)\}$$
$$\{\varepsilon,\ (1\ 3)(2\ 4)\}$$
$$\{\varepsilon,\ (1\ 4)(2\ 3)\}$$

どの正規部分群で分解しても同じだが,ガロアは一番上の正規部分群をもとにして,H_1 を剰余類分解している.この正規部分群を H_2 としよう.

$$H_2 = \begin{pmatrix} \varepsilon \\ (1\ 2)(3\ 4) \end{pmatrix}$$

$$H_1 = H_2 + (1\ 3)(2\ 4)H_2$$
$$= \begin{pmatrix} \varepsilon \\ (1\ 2)(3\ 4) \end{pmatrix} + \begin{pmatrix} (1\ 3)(2\ 4) \\ (1\ 4)(2\ 3) \end{pmatrix}$$

ガロアが

$$\begin{array}{cc} abcd & cdab \\ badc & dcba \end{array}$$

と並べ剰余類分解を明示した部分を巡回置換の積であらわすと上のようになる.

2乗根を添加すると, H_1 は H_2 に縮小する.

H_2 の正規部分群は ε で, その剰余類分解は次のようになる.

$$H_2 = \varepsilon + (1\ 2)(3\ 4)\varepsilon$$

最後に2乗根を添加すると, 群は ε に縮小し, 体はガロア拡大体にまで拡大する.

ガロアは第V節で, 方程式が累乗根で解けるための必要十分条件を示した.

現代の言い方だと「方程式のガロア群に対して, 単位置換にいたる正規部分群の列が存在し, その剰余類群の位数がすべて素数であること」, これがその必要十分条件である.

つまり,

$$G \supset H \supset H_1 \supset H_2 \supset \cdots \supset \{\varepsilon\}$$

H は G の正規部分群, H_1 は H の正規部分群, H_2 は H_1

の正規部分群, …, であり, すべての剰余類群の位数が素数.

この条件を満足する群を現代では可解群と呼んでいる. 可解群という言葉を使うと, 第V節の結論は次のように簡潔に表現できる.

定理 D

方程式が累乗根で解ける ↔ 方程式のガロア群が可解群

コラム4　ガロアとフーリエ(1768-1830)

8歳で孤児となったフーリエは, 地元の司教のもとに預けられた. その後修道士として修行するかたわら, 数学の研究にいそしむ. 1789年7月, 方程式論の論文をフランス科学アカデミーに提出するためにパリに赴くが, そこで大革命に遭遇する. 修道僧になるはずだったフーリエは, 革命の混乱の中で頭角をあらわし, モンジュやラグランジュに認められ, できたばかりのエコール・ポリテクニクの教師となる.

1798年にはナポレオンのエジプト遠征軍の学芸委員会の一員としてエジプトに向かう. ナポレオン帰国後, エジプトに取り残されたフーリエは, 考古学に熱中し, エジプトの偉大さを崇拝するようになったという.

フランスに戻ったフーリエは, ナポレオンによってグルノーブル知事に任命され, 知事としての治績が認められて男爵に叙される. 行政官としても有能であったようだ. さらにこの多忙な知事時代に, フーリエの名を不朽のものとする「熱の理論」を完成させたというのだから驚きである.

ナポレオン没落後の混乱は, 多くの数学者の運命をも揺さぶった. 同じくナポレオンの寵愛を受けた先輩のモンジュなどは, 年老いた妻ひとりに看取られながら貧民街で窮死したと伝えられているが, フーリエのほうは紆余曲折はあったものの結果的にはう

まく立ち回ることができ，アーベルがパリを訪ねた頃は，科学アカデミーの親分として君臨していたという．

フーリエは，科学の目的は「自然の征服」「人間生活の福利」にあると考えており，当時はフーリエ級数も「純粋数学者」からは少々胡散臭く見られていたらしい．

1830年5月，フーリエは62歳で息を引き取る．その数ヶ月前，フーリエは科学アカデミー終身書記としてガロアの第1論文を預かるが，その死によって論文は行方不明になる．もちろん論文の紛失はフーリエの責任ではないが，「自然の征服」や「人間生活の福利」には何の役にもたちそうもない第1論文に関心を示すこともなかったのではないか，とも思われる．

5 素数次の方程式への応用
5次方程式についてのガロアの書きぶりは素っ気ないが，やはりここがかなりおもしろい

　ガロアの理論の解説書で，第Ⅵ節〜第Ⅷ節の内容が語られることはあまり多くはない．

　第1論文の中でもっとも重要な部分は第Ⅴ節であり，定理Dに集約される内容がその中心となる．方程式を累乗根で解くことの意味はこれによって完全に解明されたのであり，その後ガロアの理論は方程式を離れ，群や体の理論として大きく発展していく．現代のガロア理論は，その発祥が方程式についての議論であったという痕跡すら残っていないと言っても過言ではない．

　ガロアは方程式の背後に隠れていた群の構造を発見した．方程式についての研究ははるか古代から続けられてきていたのだが，ガロア以前の誰の目にも群の構造——正規部分群——は見えてこなかったのだ．

　ひとたびガロアが群を発見すると，他の数学者たちはさまざまなところに隠れていた群を発見していった．方程式から独立した群の理論は大きく発展した．その主役となったのは，ガロアの対応定理をはじめとした，普遍性のある定理だった．

　そうした中，第Ⅵ節〜第Ⅷ節の内容は，方程式への応用というローカルな話題の中に埋もれていってしまったのである．

　しかし第Ⅵ節〜第Ⅷ節はそれ自体としてなかなかおもしろい内容を含んでいる．数学を楽しもうという立場からは，無視することは

できないはずだ.

また，ガロアは一般の5次方程式が累乗根で解けないことを証明した，とよく言われているが，ここまでガロアは一言もそんなことを言っていないのに気付いただろうか．実は第1論文で，ガロアはそのことについて具体的に言及していないのである．ただ，以下が実質的にその証明になっている．

素数次の既約方程式への応用

第VI節

補題

素数次既約方程式は，方程式の次数とは異なる次数の累乗根の添加によって可約になることはない．

なぜなら，$r, r', r'', \cdots$ を累乗根の異なる値とし，$Fx=0$ が与えられた方程式とすれば，Fx は次のように因数分解される必要があり，

$$f(x,r) \times f(x,r') \times \cdots$$

これらの因数はすべて同じ次数でなければならないが，これは $f(x,r)$ が x の1次式でない限り不可能だからである．

したがって，素数次既約方程式は，その群がただひとつの順列だけを含むところまで縮小しない限り，可約になることはない．

ここは特に付け加えることはなさそうだ．第II節ではガロア方程式の因数分解について考察したが，ここで対象としているのはガロ

ア方程式ではなくもとの方程式だ.実際,実例3の方程式の場合,最初に2乗根を求め,$\sqrt{2}$ を添加してガロア方程式を因数分解するが,このときもとの方程式は因数分解しない.もとの方程式が因数分解するのは,最後に3乗根を求めたときである.

第Ⅶ節

問題.累乗根で解くことのできる素数次の n 次既約方程式の群はどのようなものか?

前節によれば,ただひとつの順列だけを含む群の前にありうる最小の群は,n 個の置換を含むものであろう.素数 n 個の文字の順列の群は,そのひとつの順列が位数 n の巡回置換によって他の順列から導かれない限り,n 個の順列に分解することはできない.(コーシー氏の論文,工芸学校紀要,17.参照)

したがって,$x_0, x_1, x_2, \cdots$ を根とすれば,順列の群は次のようになるであろう.

$$\left. \begin{array}{cccccc} x_0 & x_1 & x_2 & x_3 & \cdots\cdots & x_{n-1} \\ x_1 & x_2 & x_3 & x_4 & \cdots \quad x_{n-1} & x_0 \\ x_2 & x_3 & \cdots\cdots & x_{n-1} & x_0 & x_1 \\ & & \cdots\cdots\cdots & & & \\ x_{n-1} & x_0 & x_1 & \cdots\cdots & & x_{n-2} \end{array} \right\} (G)$$

「素数 n 個の文字の順列の群は,そのひとつの順列が位数 n の巡回置換によって他の順列から導かれない限り,n 個の順列に分解することはできない」はコーシーの定理①だ.第Ⅴ節でもこのコー

シーの定理①を使っている．

ガロアの表現は少しわかりにくいが，要するに「位数が素数の群では，単位元を除く任意の元を累乗していくとすべての元があらわれる」ということであり，別の表現をすれば，「位数が素数の群は，単位元以外のすべての元を生成元とする巡回群である」ということになる．

ガロアの示した群(G)は，$n=5$ の場合は次のようになる．

$$\begin{array}{ccccc} x_0 & x_1 & x_2 & x_3 & x_4 \\ x_1 & x_2 & x_3 & x_4 & x_0 \\ x_2 & x_3 & x_4 & x_0 & x_1 \\ x_3 & x_4 & x_0 & x_1 & x_2 \\ x_4 & x_0 & x_1 & x_2 & x_3 \end{array}$$

この1行目→2行目の置換は，添え字だけを示せば，(0 1 2 3 4) だ．これを α とすると，α^2 は1行目→3行目，α^3 は1行目→4行目，α^4 は1行目→5行目，そして α^5 は ε と，確かにすべての置換が出てきている．

方程式が解けた場合，最後の群は単位元だけを含む群 $\{\varepsilon\}$ となる．その直前の群を G としよう．G の正規部分群が $\{\varepsilon\}$，その剰余類群の位数は前節の結果によりもとの方程式の次数である素数 n となるので，G の位数は当然 n となる．置換 α を (0 1 2 3 … $n-1$) とすると，G は次のように巡回群になる．

$$G = \{\varepsilon, \alpha, \alpha^2, \cdots, \alpha^{n-1}\}$$

ここで置換 α を (0 1 2 3 … $n-1$) としたのは，あとのことを考えてのことだ．もちろん今までと同じように (1 2 3 … n) と表

現しても，置換としてはおなじものをあらわしている．

> 分解の順序の中で，この群の直前にある群は，この群と同じ置換をもついくつかの群によって構成されているはずだろう．これらの置換は次のようにあらわされる（一般に，$x_n = x_0$, $x_{n+1} = x_1$, … とする）．明らかに群 G の置換は，c を定数として，いたるところで x_k を x_{k+c} と置き換えることによって得られる．

この節の後半は G の置換についての別の見方を示している．上の例にあげた5次の場合で考えてみよう．(0 1 2 3 4) を α とする．α によって x の添え字がどう変化していくかを個々に見ていくと，0→1, 1→2, 2→3, 3→4, 4→0 となっているのがわかる．もちろん mod 5 で考えている．これを α の関数とみなせば，

$$\alpha(k) = k+1$$

であることがわかるだろう．

$\alpha^2 =$ (0 2 4 1 3) なので，個々に見ていくと，0→2, 1→3, 2→4, 3→0, 4→1 となり，$\alpha^2(k) = k+2$ だ．

同様にして，$\alpha^3 =$ (0 3 1 4 2) なので $\alpha^3(k) = k+3$, $\alpha^4 =$ (0 4 3 2 1) なので $\alpha^4(k) = k+4$ となる．

一般に，n 次の場合，群 G の置換は

$$k \to k+c \mod n$$

となる．

> 群 G と同じような任意の群を考えよ．定理IIにより，その

> 群はこの群の置換のいたるところで同じ置換をほどこすことによって得られるはずだ.たとえば,f を適当な関数として,群 G のいたるところで x_k を $x_{f(k)}$ と置き換えればよい.

今度は G の直前にある群と群 G との関係を問題にしている.G の直前にある群を F,もとの方程式のガロア群を A とすると,この方程式の群の列は次のようになるであろう.

$$A \supset \cdots \supset F \supset G \supset \varepsilon$$

これらの群はそのひとつ前の群の正規部分群であり,その剰余類群の位数は素数である.

「この群の置換のいたるところで同じ置換をほどこすことによって得られる」群とは,G に対する $\tau^{-1}G\tau$ のことだ.

σ, τ を次のようにきめる.σ は G に含まれる置換であり,τ は G には含まれておらず,G のひとつ前の群 F に含まれている置換とする.

$$\sigma = \begin{pmatrix} 1 & 2 & 3 & \cdots & n \\ \sigma(1) & \sigma(2) & \sigma(3) & \cdots & \sigma(n) \end{pmatrix}$$

$$\tau = \begin{pmatrix} 1 & 2 & 3 & \cdots & n \\ \tau(1) & \tau(2) & \tau(3) & \cdots & \tau(n) \end{pmatrix}$$

このとき,$\tau^{-1}\sigma\tau$ は次のようになる.

$$\tau^{-1}\sigma\tau = \begin{pmatrix} \tau(1) & \tau(2) & \tau(3) & \cdots & \tau(n) \\ \tau(\sigma(1)) & \tau(\sigma(2)) & \tau(\sigma(3)) & \cdots & \tau(\sigma(n)) \end{pmatrix}$$

ガロアは「群 G のいたるところで x_k を $x_{f(k)}$ と置き換えればよい」と書いている．上の例のように，σ のいたるところで $k \to \tau(k)$ と書き換えることを意味している．

新しい群の置換は，群 G の置換と同一であるから，次の関係が得られる．

$$f(k+c) = f(k)+C, \quad C \text{ は } k \text{ と独立である．}$$

したがって

$$f(k+2c) = f(k)+2C$$
$$\cdots\cdots$$
$$f(k+mc) = f(k)+mC$$

$c=1$, $k=0$ とすれば，次のようになる．

$$f(m) = am+b$$

あるいは，同じことだが，

$$f(k) = ak+b, \quad a \text{ と } b \text{ は定数．}$$

したがって，群 G の直前の群は，次のような置換だけを含んでいるはずである．

$$x_k \qquad x_{ak+b}$$

その結果，この群は群 G に含まれているもの以外の巡回置換を含まないであろう．

この群の直前の群についても同じように考えることができ，それは分解の順序の最初の群にまでさかのぼる．つまり方程式の群そのものである．方程式の群は次のかたちの置換のみを含むのである．

$$x_k \qquad x_{ak+b}$$

したがって，素数次既約方程式が累乗根で解けるならば，その方程式の群は次のかたちの置換のみを含んでいなければならない．

$$x_k \qquad x_{ak+b}, \qquad a と b は定数.$$

G に含まれる置換はすべて $k \to k+c$ と表現できる．つまり

$$\sigma(k) = k+c$$

である．先ほど求めた，「いたるところで同じ置換をほどこす」にこれを代入しよう．

$$\tau^{-1}\sigma\tau = \begin{pmatrix} \tau(1) & \tau(2) & \tau(3) & \cdots & \tau(n) \\ \tau(\sigma(1)) & \tau(\sigma(2)) & \tau(\sigma(3)) & \cdots & \tau(\sigma(n)) \end{pmatrix}$$

これに $\sigma(k)=k+c$ を代入すると

$$\tau^{-1}\sigma\tau = \begin{pmatrix} \tau(1) & \tau(2) & \tau(3) & \cdots & \tau(n) \\ \tau(1+c) & \tau(2+c) & \tau(3+c) & \cdots & \tau(n+c) \end{pmatrix}$$

$\tau^{-1}\sigma\tau$ の置換は上で見たように，

$$\tau(k) \to \tau(k+c)$$

である．これが G の置換のどれかと一致するはずである．$k \to k+C$ と一致したとすると，$\tau(k) \to \tau(k)+C$ となるので，

$\tau(k+c) = \tau(k)+C$
$\tau(k+2c) = \tau(k+c+c) = \tau(k+c)+C = \tau(k)+C+C = \tau(k)+2C$
$\tau(k+3c) = \tau(k+2c+c) = \tau(k+2c)+C = \tau(k)+2C+C$
$\qquad = \tau(k)+3C$
$\qquad \ldots\ldots\ldots$
$\tau(k+mc) = \tau(k)+mC$

当然，$c=1$, $k=0$ のときも成立するので，これを代入すると

$$\tau(m) = \tau(0)+mC$$

ここで $C=a$, $\tau(0)=b$ とおけば，

$$\tau(m) = am+b$$

とあらわすことができる．m を k に直しておこう．

$$\tau(k) = ak+b$$

τ は F に含まれている任意の元だった．したがって F の元はすべてこの形になっている．同様にして，F の前の群の元も，その前の群の元も，…，とすべての元がこの形となる．つまり素数 n 次の既約方程式が累乗根で解けるならば，そのガロア群は

$$\tau(k) = ak+b \mod n, \quad a \neq 0$$

という形になっているのである．この置換を**線形置換**という．

2次方程式のガロア群は S_2 だ．mod 2 で，$a=1$, $b=0, 1$ となり

$$x \to x \qquad \varepsilon$$
$$x \to x+1 \qquad (0\ 1)$$

であり，すべて $ax+b$ の形になっている．

3次方程式のガロア群は S_3 だ．mod 3 で，$a=1, 2$, $b=0, 1, 2$ となり

$x \to x$ ε

$x \to x+1$ $0 \to 1$, $1 \to 2$, $2 \to 0$ なので，$(0\ 1\ 2)$

$x \to x+2$ $0 \to 2$, $1 \to 3 \equiv 0$, $2 \to 4 \equiv 1$ なので，$(0\ 2\ 1)$

$x \to 2x$ $0 \to 0$, $1 \to 2$, $2 \to 4 \to 1$ なので，$(1\ 2)$

$x \to 2x+1$ $0 \to 1$, $1 \to 3 \equiv 0$, $2 \to 5 \equiv 2$ なので，$(0\ 1)$

$x \to 2x+2$ $0 \to 2$, $1 \to 4 \equiv 1$, $2 \to 6 \equiv 0$ なので，$(0\ 2)$

確かに線形置換になっている．

5次方程式のガロア群は S_5 だ．しかし S_5 には，この形で表現できない置換が存在する．たとえば

$$(0\ 1\ 3)$$

がそうだ．確かめてみよう．この置換は

$$0 \to 1, \quad 1 \to 3, \quad 3 \to 0$$

を意味しているので，$k \to ak+b$ に代入していくと，mod 5 で

$$a \times 0 + b \equiv 1 \quad \cdots\cdots ①$$
$$a \times 1 + b \equiv 3 \quad \cdots\cdots ②$$
$$a \times 3 + b \equiv 0 \quad \cdots\cdots ③$$

①，②を連立させて解くと，$a=2, b=1$ となるが，これは③を満たさない．つまり①，②，③を同時に満たす a, b は存在しない．

一般の5次以上の素数次既約方程式はすべてこの置換を含んでおり，したがって累乗根では解けない．

この定理を使えば，一般の5次以上の素数次既約方程式が累乗根で解けないことは簡単に示すことができる．しかしアーベルが既に証明したことであり，わざわざ記す必要もないと思ったのか，ガロアは一言も触れていない．

逆に，この条件が満たされていれば，その方程式は累乗根で解くことができると言える．実際，次の関数を考えよ．

$$(x_0 + \alpha x_1 + \alpha^2 x_2 + \cdots + \alpha^{n-1} x_{n-1})^n = X_1$$
$$(x_0 + \alpha x_a + \alpha^2 x_{2a} + \cdots + \alpha^{n-1} x_{(n-1)a})^n = X_a$$
$$(x_0 + \alpha x_{a^2} + \alpha^2 x_{2a^2} + \cdots + \alpha^{n-1} x_{(n-1)a^2})^n = X_{a^2}$$

$\cdots\cdots$

α は1の n 乗根，a は n の原始根．

この場合，$X_1, X_a, X_{a^2}, \cdots$ の巡回置換によって不変なすべての有理式がすぐに求められることは明らかだ．それゆえ，ガウス氏の2項方程式の方法によって $X_1, X_a, X_{a^2}, \cdots$ を求める

ことができるだろう．したがって，云々．

それゆえ，素数次既約方程式が累乗根で解けるためには，次の置換で不変であるすべての有理式が有理的に既知であることが必要十分である．

したがって，次の式は X が何であっても既知であるはずである．

$$(X_1-X)(X_a-X)(X_{a^2}-X)\cdots$$

したがって，X が何であっても，この根の式を与える方程式が，有理的な値を根とすることが必要かつ十分となる．

与えられた方程式の係数がすべて有理数であるならば，この式を根とする補助方程式の係数もまたすべて有理数であろう．そしてこの次数 $1\cdot 2\cdot 3\cdot\cdots\cdot(n-2)$ の補助方程式が有理根をもつのかどうかを知れば十分であろう．補助方程式をどのようにしてつくるかはわかっている．

これが，実行するうえで必要と思われる方法である．しかし，定理を別のかたちであらわしておく．

5次の場合で考えてみる．mod 5 で $x \to ax+b$ と表現できる置換は，$a=1, 2, 3, 4$，$b=0, 1, 2, 3, 4$ なので，$4\times 5=20$ 通りだ．

まず，置換 $x \to x+1$ を α としよう．

$$\alpha = \begin{pmatrix} 0 & 1 & 2 & 3 & 4 \\ 1 & 2 & 3 & 4 & 0 \end{pmatrix}$$

そうすると，$\alpha^2: x \to x+2$，$\alpha^3: x \to x+3$，$\alpha^4: x \to x+4$，$\alpha^5: x \to x$（つまり ε）となる．

次に，置換 $x \to 2x$ を β とする．

$$\beta = \begin{pmatrix} 0 & 1 & 2 & 3 & 4 \\ 0 & 2 & 4 & 1 & 3 \end{pmatrix}$$

すると，$\beta^2: x \to 4x$, $\beta^3: x \to 3x$, $\beta^4: x \to x$（つまり ε）となる．

ここで，$\beta, \beta^2, \beta^3, \beta^4$ にうまく x の 1 倍，2 倍，3 倍，4 倍がすべて出てきたのは，mod 5 で 2 が原始根だったからだ．つまり $2^1 \equiv 2, 2^2 \equiv 4, 2^3 \equiv 3, 2^4 \equiv 1$ となっているのである．

3 も原始根なので，$3^1 \equiv 3, 3^2 \equiv 4, 3^3 \equiv 2, 3^4 \equiv 1$ となり，すべて出てくるので，最初に $\beta: x \to 3x$ とやっても結果は同じになる．

ところが 4 は原始根ではない．$4^1 \equiv 4, 4^2 \equiv 1$ となってしまうのである．

α と β の組み合わせはすべて線形置換になる．

［証明］

α と β を適当に n 個組み合わせた結果が $k \to pk+q$ であったとする．

その次に α の置換をすると，$pk+q \to pk+q+1$ となるので，結局

$$k \to pk+q+1$$

となり，これは線形置換である．

またその次に β の置換をすると，$pk+q \to 2(pk+q)=2pk+2q$ となるので，

$$k \to 2pk+2q$$

となり，これも線形置換である．

帰納法により，α と β の組み合わせはすべて線形置換にな

る. ■

では，α と β を組み合わせていこう．置換はガロア流に書いた．

x	0 1 2 3 4	ε
$x+1$	1 2 3 4 0	α
$x+2$	2 3 4 0 1	α^2
$x+3$	3 4 0 1 2	α^3
$x+4$	4 0 1 2 3	α^4
$2x$	0 2 4 1 3	β
$2x+1$	1 3 0 2 4	$\alpha^3\beta$
$2x+2$	2 4 1 3 0	$\alpha\beta$
$2x+3$	3 0 2 4 1	$\alpha^4\beta$
$2x+4$	4 1 3 0 2	$\alpha^2\beta$
$3x$	0 3 1 4 2	β^3
$3x+1$	1 4 2 0 3	$\alpha^2\beta^3$
$3x+2$	2 0 3 1 4	$\alpha^4\beta^3$
$3x+3$	3 1 4 2 0	$\alpha\beta^3$
$3x+4$	4 2 0 3 1	$\alpha^3\beta^3$
$4x$	0 4 3 2 1	β^2
$4x+1$	1 0 4 3 2	$\alpha^4\beta^2$
$4x+2$	2 1 0 4 3	$\alpha^3\beta^2$
$4x+3$	3 2 1 0 4	$\alpha^2\beta^2$
$4x+4$	4 3 2 1 0	$\alpha\beta^2$

20個になったので，これが，$x \to ax+b$ の形となる置換の最大の群ということになる．この群を A としよう．これ以外の $x \to ax+b$ となる置換の群はすべて A の部分群となる．

「置換がすべて $x \to ax+b$」→「方程式が累乗根で解ける」を言いたいわけだが,定理Dによれば,ガロア群が可解群であることが必要十分だ.可解群については「可解群の部分群は可解」という定理があるので,5次方程式の場合は A のみを検討すればよい.

A には,α, β^2 によって生成される部分群 $B=\{\varepsilon, \alpha, \alpha^2, \alpha^3, \alpha^4, \beta^2, \beta^2\alpha, \beta^2\alpha^2, \beta^2\alpha^3, \beta^2\alpha^4\}$ がある.B の位数は10で,A の位数の半分なので,正規部分群となる.

α によって生成される群 $C=\{\varepsilon, \alpha, \alpha^2, \alpha^3, \alpha^4\}$ の位数は5で B の位数の半分なので,C は B の正規部分群になる.C の位数は素数だ.したがって

$$A \supset B \supset C \supset \{\varepsilon\}$$

という正規部分群の列が存在し,剰余類群の位数が2, 2, 5とすべて素数なので,A は可解群である.

この結果は一般化できる.

素数 n 次方程式のガロア群がすべて $x \to ax+b$ の形をしているならば,a を $\bmod n$ の原始根として,α と β を次のように定める.

$$\alpha: \quad k \to k+1 \quad \text{つまり} \quad \alpha \begin{pmatrix} 0 & 1 & 2 & \cdots & n-1 \\ 1 & 2 & 3 & \cdots & 0 \end{pmatrix}$$

$$\beta: \quad k \to ak \quad \text{つまり} \quad \beta \begin{pmatrix} 0 & 1 & 2 & \cdots & n-1 \\ 0 & a & 2a & \cdots & (n-1)a \end{pmatrix}$$

すると,α と β で生成される群が,$x \to ax+b$ の形の置換による最大の群となる.そして同じような考察によって,この群が可解群であることが示される.

ガロアのややこしい証明より，いまここでやった，群を用いた証明の方がずっとわかりやすい．しかしそんなことが言えるのは，群について隅々まで調べあげてきた現代数学の恩恵を受けているからだ．可解群という概念も含め，わたしたちが普通に使っている群論の知識を持ちあわせていないガロアにとって，すでに自家薬籠中のものとしていた「ガウス氏の方法」を使う方が簡明だったのだろう．

ガロアの証明の中にある X_1, X_a, X_{a^2}, … などの量は，α, α^2, …, β, $\alpha^3\beta$, …, β^3, $\alpha^2\beta^3$, … などの置換に対応している．そこからラグランジュ分解式を縦横に使いこなすのが「ガウス氏の方法」なのだが，いまその複雑な手続きを追っていくことに意味はないだろう．

第Ⅶ節を整理すると次のようになる．

定理 E

素数次既約方程式が累乗根で解ける
↔ すべての置換が $k \to ak+b$ の形になっている

ガロアは最後に，素数次の既約方程式が累乗根で解けるためのもうひとつの必要十分条件を提示している．

第Ⅷ節

定理
素数次既約方程式が累乗根で解けるためには，任意のふたつの根がわかったとき，その他の根がそれから有理的に導かれる

ことが必要十分である.

　第 1 に,それは必要である.なぜなら,置換

$$x_k \qquad x_{ak+b}$$

は決してふたつの文字を同じ場所におかないからである.第Ⅳ節によれば,方程式にふたつの根を添加すれば,明らかに群はただひとつの順列のみを含むところまで縮小する.

「素数次の既約方程式が累乗根で解ける ↔ 根の任意の 2 根によって他の根をあらわせる」がガロアの主張だ.定理 E によってこの主張は,「すべての置換が $k \to ak+b$ の形になっている ↔ 根の任意の 2 根によって他の根をあらわせる」と書き換えられる.

　まずガロアと同じように,→ を証明しよう.

　根の任意の 2 根によって他の根をあらわせる,というのは,任意の 2 根を係数体 K に添加すると,K がガロア拡大体にまで拡大するという意味だ.つまり与えられた方程式の根を $x_0, x_1, x_2, \cdots$ とすると,

$$K(x_i, x_j) = K(x_0, x_1, x_2, \cdots)$$

が成り立つことを意味している.

　$K(x_0, x_1, x_2, \cdots)$ 上の元は,$x_0, x_1, x_2, \cdots$ の有理式であらわされており,それを動かさない置換は ε だけだ.

　定理Ⅳ「ひとつの方程式に,その根の有理式の値を添加すれば,その方程式の群は,この有理式を不変にする順列以外は含まないように,小さくなる」にそって表現すれば,あたりまえのことだが,

「$x_0, x_1, x_2, \cdots$ を添加すれば方程式の群は ε になる」となる．

同じように，x_i, x_j を添加して方程式の群が ε になれば，やはり方程式は解け，

$$K(x_i, x_j) = K(x_0, x_1, x_2, \cdots)$$

となる．

では，x_i, x_j を添加した場合，方程式の群はどうなるのであろうか．定理Ⅳによれば，「この有理式を不変にする順列以外は含まない」，つまり x_i, x_j を固定する順列のみになる．

[x_i, x_j を動かさない置換が ε のみであることの証明]

x_i, x_j を動かさない置換があったとしよう．このガロア群の置換は $x \to ax+b$ だから，$\mathrm{mod}\, n$ で

$$ai+b \equiv i$$
$$aj+b \equiv j$$

となる．辺々引き算をして，

$$ai-aj \equiv i-j$$
$$a(i-j) \equiv i-j$$

$i-j \neq 0$ なので，両辺にその逆数をかけて，

$$a \equiv 1$$

もとの式に代入して

$$b \equiv 0$$

したがって，x_i, x_j を動かさない置換は $x \to x$，つまり ε だけである．■

> 第2に，それは十分である．この場合，群のすべての置換はふたつの文字をその場にとどめないであろう．したがって群は $n(n-1)$ 個以下の置換を含むであろう．それゆえ，群はたったひとつの巡回置換を含むであろう（そうでなければ少なくとも n^2 以上の置換が存在するであろう）．したがって，群のすべての置換 x_k, x_{fk} は次の条件を満たさなければならない．
>
> $$f(k+c) = fk+C$$
>
> それゆえ，云々．
> 　したがって，定理は証明された．

今度は ← の証明だ．

ガロアはどうしてそうなるのかという説明を完全にすっとばしている．そのあたりを補完しよう．

［証明］

　方程式のガロア群 G のうち，x_0 を動かさない置換の集まりを H とする．x_0 を動かさない置換に続いて，x_0 を動かさない置換を行っても，やはり x_0 を動かさない置換になるので，これは群になる．p.160 で考察した β を生成元とする群がその一例だ．

　G を H で右剰余類分解しよう．

$$G = H+H\tau_1+\cdots$$

τ_1 は $x_0 \to x_1$ の置換とする．すると $H\tau_1$ は，x_0 を変えない置換に続いて $x_0 \to x_1$ を行うので，結局，x_0 を x_1 に置き換える置換となる．

今度は $x_0 \to x_2$ となる置換を τ_2 として,

$$G = H + H\tau_1 + H\tau_2 + \cdots$$

これを続けていくと, 最後は $x_0 \to x_{n-1}$ の置換を τ_{n-1} として

$$G = H + H\tau_1 + H\tau_2 + \cdots + H\tau_{n-1}$$

したがって

$$|G| = n \times |H|$$

つまり G の位数は $n \times (H \text{の位数})$ となる.

では H の位数について考えてみよう.

H に含まれる置換は x_0 を動かさないが, 他の根を x_0 に移すことはあるのだろうか.

たとえば

$$\tau: \quad x_i \to x_0$$

とすると

$$\tau^{-1}: \quad x_0 \to x_i$$

となるが, τ^{-1} も H に含まれているので x_0 を動かさないはずだ. 矛盾である.

したがって H の置換は x_0 を動かさず, 別の根を x_0 のところにもってくることもない.

またたとえば

$$\begin{pmatrix} 0 & 1 & 2 & 3 & 4 \\ 0 & 3 & 1 & 4 & 2 \end{pmatrix} \quad \text{と} \quad \begin{pmatrix} 0 & 1 & 2 & 3 & 4 \\ 0 & 3 & 4 & 2 & 1 \end{pmatrix}$$

のように，x_1 の行き場所が同じなのに異なる置換は存在するのだろうか.

たとえば x_0 を動かさないふたつの置換 τ, σ がともに x_1 を x_2 に動かすとしよう.

$$\tau: \ x_1 \to x_2$$

$$\sigma: \ x_1 \to x_2$$

σ^{-1} は x_2 を x_1 に置換する．すると置換 $\tau\sigma^{-1}$ は，$x_1 \to x_2 \to x_1$ と置換するので，x_1 を動かさない.

τ も σ も H に含まれているので，$\tau\sigma^{-1}$ も当然 H に含まれている．したがって x_0 を変えない．だから $\tau\sigma^{-1}$ は x_0 も x_1 も変えない置換ということになる．先に証明したとおり，このような置換は ε だけだ.

したがって，

$$\tau\sigma^{-1} = \varepsilon \quad \to \quad \tau = \sigma$$

つまり H に含まれる置換は，x_1 を x_2 に変える置換はあったとしてもひとつ，x_1 を x_3 に変える置換もあったとしてもひとつ，…，ということになり，置換の数は多くとも $n-1$ 個となる.

G の位数は $n \times (H$ の位数$)$ だったので，

$$|G| \leqq n(n-1)$$

となる.

ガロアは例によって途中の説明をすっとばして，「この場合，群のすべての置換はふたつの文字をその場にとどめないであろう．したがって群は $n(n-1)$ 個以下の置換を含むであろう」と

書いている.

ここでコーシーの定理②「群 A の位数が素数 p で割り切れれば, 群 A は $(0\ 1\ 2\ \cdots\ p–1)$ という長さ p の巡回置換を含む」を使う. 群論の教科書なら必ず説明が載っている重要な定理(もう一歩一般化した「シローの定理」が説明されているかもしれないが)だ.

$|G|=n|H|$ だったので, G の位数は素数 n で割り切れる. だから G は $(0\ 1\ 2\ \cdots\ n–1)$ という巡回置換をもつ.

長さ n の巡回置換が 2 種類あれば, 少なくとも $n \times n = n^2$ 個の置換があることになる. ところが G の位数は $n(n–1)$ 以下なので, それはありえない.

G に含まれる長さ n の巡回置換のひとつ $(0\ 1\ 2\ \cdots\ n–1)$ を s としよう. そして s を生成元とする群を N とする.

$$N = \{\varepsilon, s, s^2, s^3, \cdots, s^{n-1}\}$$

G には長さ n の巡回置換は 1 種類しかないので, 長さ n の巡回置換はすべて N に含まれている.

G の任意の元を τ とする.

$\tau s \tau^{-1}$ の置換を行っても s の置換の型は変わらない(たとえば『13 歳の娘に語るガロアの数学』岩波書店, 2011, p. 121 参照). したがって $\tau s \tau^{-1}$ はやはり長さ n の巡回置換であり, N に含まれる. したがって N は全体の群に対して正規部分群になる. つまり, この方程式のガロア群に含まれている任意の置換 τ に対して,

$$\tau s \tau^{-1} = s^a$$

となる.

ここで,

$$s:\ x \to x+1, \quad \tau:\ x \to \tau(x)$$

として,前と同じような考察をしよう.

$$\tau s \tau^{-1}:\ \tau(x) \to \tau(x+1) \quad \cdots\cdots ①$$

これが s^a と等しい.

$$s^a:\ x \to x+a$$

となるので

$$\tau(x) \to \tau(x)+a \quad \cdots\cdots ②$$

①, ② より

$$\tau(x+1) \equiv \tau(x)+a$$

ここで $\tau(0) \equiv b$ とおくと

$$\tau(1) \equiv b+a$$
$$\tau(2) \equiv \tau(1+1) \equiv \tau(1)+a \equiv b+a+a \equiv b+2a$$
$$\tau(3) \equiv \tau(2+1) \equiv \tau(2)+a \equiv b+2a+a \equiv b+3a$$

$$\cdots\cdots\cdots$$

$$\tau(x) = ax+b$$

それゆえ,云々……. ■

定理のかたちにまとめておこう.

定理 F

素数次既約方程式が累乗根で解ける
↔ すべての根が任意のふたつの根の有理式であらわされる

定理Ⅶの例

$n=5$ とせよ；群は次のようなものであろう：

$abcde$

$bcdea$

$cdeab$

$deabc$

$eabcd$

―――

$acebd$

$cebda$

$ebdac$

$bdace$

$daceb$

―――

$aedcb$

$edcba$

$dcbae$

$cbaed$

$baedc$

―――

> *adbec*
> *dbeca*
> *becad*
> *ecadb*
> *cadbe*

　これはp.159の表と同じものだが，順列の並べ方は異なる．ガロアは$N=\{\varepsilon, \alpha, \alpha^2, \alpha^3, \alpha^4\}$として$G$を$N$で剰余類に分解したものを並べている．つまり，

$$G = N+N\beta+N\beta^2+N\beta^3$$

の順に並んでいる．

　ただし，$\alpha: x \to x+1$, $\beta: x \to 2x$.

　これが，累乗根で解くことのできる5次方程式がもつことのできる最大の群だ．ところが一般の5次方程式のガロア群の位数は120なので，これは一般の5次方程式が累乗根で解けないことの別証でもある．

　もう一言付け加えておくと，一般の5次方程式のガロア群は平方根を添加することによって位数60までは縮小できる．しかしそれでも位数20には届かない．

コラム5　ガロアとジェルマン(1776-1831)

　裕福な商人の家に生まれたソフィ・ジェルマンは，父の書斎にあった数学の本に接して数学に夢中になる．しかし女性が数学を学べば死んでしまうというような迷信がはびこっていた時代，両

親は数学を禁じ，隠れて勉強できないように夜着とロウソクを取り上げた．それでもジェルマンは，隠しもっていたロウソクを頼りに，布団にくるまって勉強を続け，両親もついに根負けしたと伝えられている．

18歳のとき，エコール・ポリテクニクが設立されるが，女性であるため入学を拒絶される．そこでジェルマンは，何とか講義ノートを入手し，退学した学生の名義を使ってレポートを提出した．レポートを読んだラグランジュが，そのすばらしさに瞠目し，面会を要求する．その結果ジェルマンが女性であることが露顕してしまうのだが，ラグランジュは態度を改めることなく指導を続けた．

またジェルマンは男性の名義でガウスと文通を続けていたが，1807年，ナポレオン戦争のさなか，フランス軍がガウスの住むブラウンシュバイクを占領したという知らせに愕然とする．ガウスの身を案じたジェルマンは，家族の友人であったフランスの将軍に手紙を書き，ガウスを保護するよう訴える．結局このことでジェルマンが女性であることをガウスが知ることになるが，その後ガウスがジェルマンに送った，感謝と賞賛に満ちた手紙は感動的でもある．

ラグランジュが女性にやさしいのは周知の事実だが，石頭だと思っていたガウスもジェルマンにはやさしかった．

ジェルマンはフェルマーの定理の証明の歴史に大きな一歩を記している（ソフィ・ジェルマン素数）．また1816年には弾性体についての研究でフランス科学アカデミーの大賞を受賞している．しかし女性であるという理由で，数学の教授として迎えられることはなかった．ガウスの推薦によってゲッチンゲン大学の名誉学位が授与されるが，死の6年後のことであった．

死の直前，ジェルマンは「なまいきだけどすぐれた資質をみせた」ガロアを気遣う手紙を残している．その手紙によると，ガロアは科学アカデミーの例会で，意味不明のことをわめき立て，その姿はまるで狂人のようであったという．

終　章

　ガロア第 1 論文の主張を整理しておこう．
　① ガロアはまず，与えられた既約方程式 $f(x)=0$ の根 $a,b,c,\cdots$ の 1 次式で，$a,b,c,\cdots$ のあらゆる置換で異なる値をとる V をつくり，V の最小多項式を求める．これがガロア分解式である．
　ガロア分解式に $=0$ をつけたガロア方程式は，
・すべての根が，任意の根の多項式であらわされる．
・もとの方程式の根も，ガロア方程式の任意の根の多項式であらわされる．

という著しい特徴をもっている．つまり，もとの方程式の係数体を K，V の共役を $V_1, V_2, \cdots$ とすると，

$$K(a,b,c,\cdots) = K(V) = K(V_1) = K(V_2) = \cdots$$

　ガロア方程式が累乗根で解けることと，もとの方程式が累乗根で解けることは同値だ．このガロア方程式を主役に立てることで，議論の見通しが非常に良くなる．
　ガロア方程式の次数が素数ならば，定理 F によって累乗根で解ける．しかし残念なことに，ガロア方程式の次数は普通，素数ではない．
　② V をその共役である V_1，V_2，$\cdots$ に置換する操作としてガロア群を定義する．$(V \to V_k)$ はもとの方程式の根 $a,b,c,\cdots$ の置換の一部と 1 対 1 に対応しているが，$a,b,c,\cdots$ のすべての置換と対応し

ているわけではない．$a, b, c, \cdots$ のすべての置換は対称群となるが，ガロア群はその部分群である．

ガロア群は次の特徴をもつ．
・ガロア群の置換で不変 ↔ 基礎体の元
・ガロア群の置換は拡大体の演算を保存する．つまり

$$\theta(V) = 0 \quad \leftrightarrow \quad \theta(V_k) = 0$$

③ガロア群の部分群が正規部分群であるとき，かつそのときに限り，剰余類が群をなす．

剰余類群の位数が素数 p であれば，剰余類は $(1\ 2\ \cdots\ p)$ を生成元とする巡回群となる．

その正規部分群の置換で変化せず，その他の置換で変化する V の多項式を θ とし，それぞれの剰余類の置換で θ が $\theta_1, \theta_2, \cdots$ と変化したとする．このとき，$\theta, \theta_1, \theta_2, \cdots$ によるラグランジュ分解式 E をつくる．1 の原始 p 乗根を ζ とする．

$$E = \theta + \zeta\theta_1 + \zeta^2\theta_2 + \cdots$$

剰余類群の置換は巡回置換なので，その置換によって E は $\zeta^k E$ と変化する．したがって剰余類群の置換で E^p は変化しない．つまり E^p は基礎体に含まれる．だからその p 乗根を求めることによって E が求まる．もとの体に E を添加すると，体は拡大し，ガロア群はその正規部分群へと縮小する．

ガロアの業績を狭くとらえれば，この正規部分群の発見であった，と言うことができる．

④方程式のガロア群 G に次のような正規部分群の列 $H, H_1, \cdots, \varepsilon$ が存在したとする．

$$G \supset H \supset H_1 \supset \cdots \supset \varepsilon$$

それぞれの剰余類群の位数が素数であるとき,かつそのときに限り,上記の方法で,方程式は累乗根で解ける.

この条件を満たす群を可解群という.

可解群という言葉を使うと,ガロアの結論は次のようになる.

方程式が累乗根で解ける ↔ ガロア群が可解群

⑤さらに素数次の既約方程式については,次の定理も証明した.

素数次既約方程式が累乗根で解ける

↔ ガロア群の置換が $x \to ax+b$ というかたちになっている

↔ 方程式のすべての根を任意の2根の有理式であらわすことができる

フランス科学アカデミーの会議の席上で,ガロア第1論文のレフェリーをつとめたポアソンがこの論文を理解することができなかったと発言した,とガロアは書いている.またポアソンは,ガロアの主張が正しいとしても,素数次方程式が累乗根で解けるかどうかを判定するためには,まず方程式が既約であるかどうかを確かめ,任意の根が他の2根の有理式であらわされるかどうかを調べる必要があるが,根がわかっていなければ一歩も進めることができないではないか,と批判したそうだ.つまり,ガロアの議論が正しいとしても,何の役にも立たないではないか,と言いたいらしい.

これに対しガロアは,自分の研究がまったく新しい数学の地平を切り開くものだ,という点をはっきりと自覚していた.

それまでの数学は，言わば解を求めるためのアルゴリズムを探究することを課題としていた．オイラーに代表される，まるで魔法を見るかのような華麗な計算による問題解決がその好例だ．しかし数学の発展は，そのようなアルゴリズムの追求が原理的に不可能な段階に達しようとしていた．計算によってできるようなことは全部オイラーがやってしまった，というような意味のことをガロアは述べている．未来の数学者の仕事は，計算の上を飛ぶことだ，とも記している．

　実際，ガロアが熱心に研究していた楕円関数の等分問題などでは，係数からそれを決定する計算が不可能な対象に対して，計算を行わずに計算の方向を示すようなことをしている．アルゴリズムの追求ではなく，アルゴリズムを含む構造を探究しているのだ．

　ガロアは17歳で第1論文を執筆して以後，20歳でこの世を去るまで，数学の研究を怠ることはなかったようだ．有名な数学的遺書「オーギュスト・シュバリエへの手紙」の中で，自分の研究は3つの論文にまとめることができると記している．

　これらはその後の「ガロア理論」の発展とその方向性を同じくしていたと思われる．ガロアは，ポアソンの批判のずっと先を歩んでいたのである．第2論文，第3論文が執筆されなかったことが実に惜しまれる．

　そして，オーギュスト・シュバリエへの遺書は，悲痛な叫びとなる．

　　愛するオーギュスト，ぼくが研究してきたのはこれらの問題だけではないのだ．ここしばらく，ぼくの思考は，曖昧の理論の超越的な解析への応用に向けられている．超越的な量や関数

の関係において，その関係を維持したまま変換が可能なもの，与えられた量を置換しうるものをアプリオリに知ることに関係しているのだ．

これによって，探究可能な多くの表現の不可能性がただちに判断できるようになる．しかしぼくには時間がないし，ぼくの思考はこの広大な領域の中で十分に展開されてはいない．

この曖昧さの理論がどのようなものであるか，いろいろな説はあるが，具体的なことはわかっていない．それでも，その後研究された，ひろい意味での「ガロア理論」と重なる部分が多いだろうことは想像に難くない．

遺書の末尾はこうなっている．

この手紙を百科全書誌に発表してくれ．

これまでしばしば，自分自身確かだと思っていない命題を発表するという危険をおかしてきた．しかしここに書いたことのすべては，ほとんど1年間ぼくの頭の中にあったことであり，完全な証明をもっていないような定理を発表したのではないかと疑われるような間違いをおかすのはぼくの本意ではない．

これらの定理が正しいかどうかではなく，その重要性について，ヤコビかガウスに公式に質問してほしい．

すべてが終わったあとで，この混乱した書き付けの解読が有益であると気づく人が現れるだろう．ぼくはそれを希望している．

君を熱く抱きしめながら．　　E Galois　　1832年5月29日

「正しいかどうかではなく,その重要性について」というあたり,ガロアは自分の研究が数学に革命をもたらすものであることを確信していたようだ.

杜甫は尊敬していた孔明の祠堂(しどう)を訪ね,「蜀相」という詩を残した.その最後の一句は「長く英雄をして,涙襟に満たしむ」であった.

ガロアの遺書は,「長く数学少年数学少女をして,涙襟に満たしむ」ものであろう.

この本を書くために多くの本を参考にしたが,特に以下に掲げたものからは,第1論文の翻訳も含め,非常に多くのことを学んだ.ここに記して感謝の意を表したい.

・倉田令二朗『ガロアを読む――第1論文研究』日本評論社,1987年
・N. H. Abel, E. Galois／守屋美賀雄(訳)『アーベル ガロア 群と代数方程式』共立出版,1975年
・彌永昌吉『ガロアの時代 ガロアの数学』シュプリンガー・フェアラーク東京,第1部1999年,第2部2002年
・山下純一『ガロアへのレクイエム』現代数学社,1986年
・矢ヶ部巌『数III方式 ガロアの理論――アイデアの変遷をめぐって』現代数学社,1976年
・加藤文元『ガロア――天才数学者の生涯』中公新書,2010年

金 重明

1956年東京生まれ．1997年『算学武芸帳』(朝日新聞社)で朝日新人文学賞，2005年『抗蒙の丘——三別抄耽羅戦記』(新人物往来社)で歴史文学賞，2014年『13歳の娘に語る ガロアの数学』(岩波書店)で日本数学会出版賞を受賞．著書に『幻の大国手』(新幹社)，『戊辰算学戦記』(朝日新聞社)，『皐の民』『悪党の戦』(講談社)，『叛と義と』(新人物往来社)，『物語 朝鮮王朝の滅亡』(岩波新書)，『13歳の娘に語る ガウスの黄金定理』『13歳の娘に語る アルキメデスの無限小』(岩波書店)，『やじうま入試数学』『方程式のガロア群』(講談社ブルーバックス)など多数．

岩波 科学ライブラリー 277
ガロアの論文を読んでみた

2018年9月21日　第1刷発行

著　者　　金 重 明（キム チュンミョン）

発行者　　岡本　厚

発行所　　株式会社　岩波書店
　　　　　〒101-8002 東京都千代田区一ツ橋2-5-5
　　　　　電話案内 03-5210-4000
　　　　　http://www.iwanami.co.jp/

印刷 製本・法令印刷　カバー・半七印刷

Ⓒ Kim Jung Myeong 2018
ISBN 978-4-00-029677-9　Printed in Japan

岩波科学ライブラリー〈既刊書〉

269 岩石はどうしてできたか
諏訪兼位
本体 1400 円

泥臭いと言われつつ岩石にのめり込んで70年の著者とともにたどる岩石学の歴史．岩石の源は水かマグマか，この論争から出発し，やがて地球史や生物進化の解明に大きな役割を果たし，月の探査に活躍するまでを描く．

270 広辞苑を3倍楽しむ その2
岩波書店編集部 編
カラー版 本体 1500 円

各界で活躍する著者たちが広辞苑から選んだ言葉を話のタネに，科学にまつわるエッセイと美しい写真で描きだすサイエンス・ワールド．第七版で新しく加わった旬な言葉についての書下ろしも加えて，厳選の50連発．

271 サンプリングって何だろう
統計を使って全体を知る方法
廣瀬雅代，稲垣佑典，深谷肇一
本体 1200 円

ビッグデータといえども，扱うデータはあくまでも全体の一部だ．その一部のデータからなぜ全体がわかるのか，データの偏りは避けられるのか．統計学のキホンの「キ」であるサンプリングについて徹底的にわかりやすく解説する．

272 学ぶ脳
ぼんやりにこそ意味がある
虫明 元
本体 1200 円

ぼんやりしている時に脳はなぜ活発に活動するのか？ 脳ではいくつものネットワークが状況に応じて切り替わりながら活動している．ぼんやりしている時，ネットワークが再構成され，ひらめきが生まれる．脳の流儀で学べ！

273 無限
イアン・スチュアート／川辺治之訳
本体 1500 円

取り扱いを誤ると，とんでもないパラドックスに陥ってしまう無限を，数学者はどう扱うのか．正しそうでもあり間違ってもいそうな9つの例を考えながら，算数レベルから解析学・幾何学・集合論まで，無限の本質に迫る．

274 分かちあう心の進化
松沢哲郎
本体 1800 円

今あるような人の心が生まれた道すじを知るために，チンパンジー，ボノボに始まり，ゴリラ，オランウータン，霊長類，哺乳類……と比較の輪を広げていこう．そこから見えてきた言語や芸術の本質，暴力の起源，そして愛とは．

275 時をあやつる遺伝子
松本 顕
本体 1300 円

生命にそなわる体内時計のしくみの解明．ショウジョウバエを用いたこの研究は，分子行動遺伝学の劇的な成果の一つだ．次々と新たな技を繰り出し一番乗りを争う研究者たち．ノーベル賞に至る研究レースを参戦者の一人がたどる．

276 「おしどり夫婦」ではない鳥たち
濱尾章二
本体 1200 円

厳しい自然の中では，より多く子を残す性質が進化する．一見，不思議に見える不倫や浮気，子殺し，雌雄の産み分けも，日々奮闘する鳥たちの真の姿なのだ．利己的な興味深い生態をわかりやすく解き明かす．

定価は表示価格に消費税が加算されます．2018年9月現在